華章圖書

一本打开的书，一扇开启的门，

通向科学殿堂的阶梯，托起一流人才的基石。

智能系统与技术丛书

The First Book of Machine Learning

机器学习算法的数学解析与Python实现

莫凡 编著

图书在版编目（CIP）数据

机器学习算法的数学解析与 Python 实现 / 莫凡编著 . —北京：机械工业出版社，2020.1
（智能系统与技术丛书）

ISBN 978-7-111-64260-2

I. 机… II. 莫… III. ①机器学习 - 算法 ②软件工具 - 程序设计 IV. ① TP181
② TP311.561

中国版本图书馆 CIP 数据核字（2019）第 269887 号

机器学习算法的数学解析与 Python 实现

出版发行：机械工业出版社（北京市西城区百万庄大街 22 号 邮政编码：100037）

责任编辑：佘 洁　　责任校对：殷 虹

印　　刷：北京市荣盛彩色印刷有限公司　　版　　次：2020 年 1 月第 1 版第 1 次印刷

开　　本：186mm×240mm 1/16　　印　　张：13.5

书　　号：ISBN 978-7-111-64260-2　　定　　价：89.00 元

客服电话：（010）88361066 88379833 68326294　　投稿热线：（010）88379604

华章网站：www.hzbook.com　　读者信箱：hzit@hzbook.com

PREFACE

前　言

这是一本介绍机器学习的书，按常理来说，我应该首先介绍学习机器学习的重要性。可是，有必要吗？我记得约五年前，机器学习还是一个很有科幻色彩的术语，而现在技术学习圈几乎整版都换成了机器学习的各种模型，国内很多大学已经开始设立人工智能专业，机器学习当仁不让地成为核心课程。据说相关学者已经将该知识编制成课本，即将走入中学课堂。机器学习的火热，连带着让长年不温不火的 Python 语言也借机异军突起，甚至掀起一阵 Python 语言的学习热潮。机器学习已经成为“技术宅”的一种必备技能，因此，实在没必要再占篇幅介绍它的重要性。

但是，学习机器学习的路途是坎坷和颠簸的，唯一不缺的就是让你半途而废的借口。机器学习今日的成就是站在巨人的肩膀上取得的，因此，当你终于下定决心学习机器学习时，很多人会给你开出一串长长的学习清单：机器学习涉及大量向量和矩阵运算，所以线性代数是肯定要学的；机器学习的很多模型算法都以统计知识作为背景，所以统计学和概率论也是必修的；许多重要环节依赖微分运算，那本好久不看的《高等数学》是不是到了重出江湖的时候了？

想想看，如果告诉你学习机器学习，首先得把《线性代数》《概率统计》《高等数学》统统翻一遍，然后你才只是刚刚摸到学习机器学习的起跑线，如果不擅长数学，你得需要多大的毅力才能坚持下来，把机器学习学明白？

真的很难，如果开始学习机器学习时我就知道后面会承受这么多“痛苦”，也许我根本就不会开始。特别是如果你也是利用业余时间来自学机器学习，那么真的称得上煎熬：当你已经为别的事情绞尽脑汁，好不容易有了那么一点属于自己的时间，想要学习充电时，结果鼓起勇气翻开书本，扑面而来的全是各种难以理解的数学公式和闻所未闻的专业术语，你就能立即体会到什么是无力感。

那时我总是在想，能不能有一本教机器学习的书对读者友好一点。首先不要假设读者擅长数学，认为读者一上来就可以看懂各种高深的数学公式，在介绍机器学习具体模型算法时要能按照从宏观到微观的顺序介绍。刚接触新的知识领域，先把模型算法的主要原理和基本结构讲清楚，让读者在脑海里勾勒出基本的轮廓，明确各种概念之间的关系，然后才深入各个细枝末节展开介绍，这样读者才不至于觉得自己一直在各种陌生的公式里转来转去，最后看得晕头转向。最后我还想再贪心一点，希望这本书的文字能够稍微有趣一点，最好能像弹幕评论那样在不经意间引人会心一笑，毕竟我是利用睡前的时间来学习机器学习，辛苦了一天，身体和精神都很疲惫，文字太生硬的话恐怕是啃不动的。

我找了很久，可惜直到最后也未能找到这样的一本书。现在，我决定自己动手来写一本。不过，这本书也并不能让你在短期内就全面掌握机器学习的各种知识。机器学习不但自成体系，自身就拥有枝繁叶茂的知识结构，而且也从多门大学科里汲取养分，又带有交叉学科的一些特点，可能将一个子问题深入研究下去就能发展成一门新学科——从神经网络发展到深度学习就是一个很好的例子。弱水三千，一本书哪怕写得再凝练透彻，也只能取一瓢饮。学习机器学习犹如建造大厦，总是需要从最基础的开始学，筑牢根基，然后一本一本地往上堆叠各有侧重的书本，才可能最终构建出完整的知识体系。

每一本书都有自己的使命。初学机器学习时，遇到的最大问题是迷茫，我深有体会。面对机器学习领域数量繁多又互有交叉的知识点，就像身处一大片繁茂的森林，没有指南设备很难不迷失方向，而大量好不容易挤出来的宝贵时间就浪费在辨别方向上了。在本书中，我负责为你踹开机器学习世界的大门，绘制出这个庞大而陌生的世界中的“山河湖海”，总体是怎样的，哪里是重点，哪里是难点，哪些点用到了哪些学科知识，点和点之间的关系又是怎样的，我都迫不及待想要一一清楚地告诉你。为了完成这个使命，我会竭尽全力，但也请原谅我无法“送佛到西”，正如前面所述，每个知识点深入下去，可能又是一片茂密的森林，机器学习涉及的知识点众多，我希望通过本书能让你清楚地看到兴趣所在，不过知识点背后仍然有很长很长的路，还请加倍努力。

最后，我想谈一谈“要不要亲手实现一遍机器学习算法”这个争议很大的问题。我推崇学以致用，用机器学习算法解决实际问题才是本书的最终目的，所以本书将会涉及如何在实际中使用书中提及的机器学习算法的问题。对于这个问题，一般会有两种选择，一种是让读者亲手从头实现一遍算法，另一种则是直接使用现成的算法库。对于这个问题，如何选择争议很大，本书中选择的是后者。

学习机器学习的动机很多，可能是实际工作需要，可能是兴趣爱好，也可能是学业要求，从每种动机的角度看，这个问题都可能有不同的答案。我认同许多人所说的求知不能太功利这一观点，不过大家的时间和精力毕竟有限，就算不去追求投入产出比，至少也应该有一个学这门知识想要达到的目的。机器学习是更偏重于应用的学问，在当下的发展也确实使得机器学习越来越像一门技能，而不仅仅是技术。初学算法时我最想学的是里面的“最强算法”，不过在第 1 章我将介绍，机器学习算法没有最强的，只有最合适的，对于不同的问题，对应会有不同的最合适算法。所以，我们更需要关注的应该是问题，而不是算法本身。在本书中我选择介绍市面上成熟的机器学习算法包，通过现成的算法包，就能够根据实际要解决的问题直接选择所需要的机器学习算法，从而把注意力集中在对不同算法的选择上。

本书的目标读者是想要学习机器学习的学生、程序员、研究人员或者爱好者，以及想要知道机器学习是什么、为什么和怎么用的所有读者。本书第 1 章介绍机器学习总体背景，第 2 章介绍配置环境，第 3 章到第 10 章彼此独立，每一章介绍一种具体的机器学习算法，读者可以直接阅读想要了解的算法，第 11 章介绍了集成学习方法，这是一种组合机器学习算法的方法，也是当前在实际使用中常见又十分有效的提升性能的做法。

各章详细内容如下：

第 1 章首先介绍机器学习究竟是什么，特别是与“人工智能”“深度学习”这些经常在一起出现的术语究竟有什么关系，又有什么区别。本章也将对机器学习知识体系里的一些常用术语进行简要说明，如果读者此前并不了解机器学习，则可以通过本章了解相关背景知识。

第 2 章对当前机器学习算法常用的 Python 编程语言以及相关的 Python 库进行介绍，同时列举一些常用的功能。

第 3 章开始正式介绍机器学习算法，要介绍的第一款机器学习算法是线性回归，本章将对回归问题、线性模型和如何用线性模型解决回归问题，以及对机器学习解决问题的主要模式进行介绍。

从第 4 章开始，介绍当下机器学习应用最广的分类问题，第一款解决分类问题的算法是 Logistic 回归分类算法，即用线性模型结合 Logistic 函数解决分类问题。

第 5 章介绍 KNN 分类算法，这款算法不依赖太复杂的数学原理，因此一般被认为是最直观好懂的分类算法之一。

第 6 章介绍朴素贝叶斯分类算法，它基于贝叶斯公式设计，理论清晰、逻辑易懂，是一款典型的基于概率统计理论解决分类问题的机器学习算法。

第 7 章介绍决策树分类算法，这是一款很重要的算法，从思想到结构都对程序员非常友好，当前 XGBoost 等主流机器学习算法就是在决策树算法的基础上，结合集成学习方法设计而成的。

第 8 章介绍支持向量机分类算法，这是一款在学术界和工业界都有口皆碑的机器学习模型。在深度学习出现之前，支持向量机被视作最被看好的机器学习算法，能力强、理论美，也是本书中最为复杂的机器模型。

第 9 章介绍无监督学习的聚类问题，以及简单好懂的聚类算法——K-means 聚类算法。

第 10 章介绍神经网络分类算法，当前大热的深度学习就是从神经网络算法这一支发展而来的，而且大量继承了神经网络的思想和结构，可以作为了解深度学习的预备。

第 11 章介绍集成学习方法，以及如何通过组合两个以上的机器学习模型来提升预测效果。

我自己也经常阅读各类书籍，常常看到不少作者提到写书不易，待自己写作了一本书之后，才真正体会到写书真是一段漫长的“马拉松”，只有真正经历了才能明白其中所需要的决心和毅力。本书能顺利写作完成，首先要感谢我的妻子，她的一句“真想看你写完的这本书”是我克服白天工作的疲惫，坚持写下来的最大动力；我还要感谢我的父母，他们培养了我学习新知识的兴趣，更让我懂得了学习新知识的最大乐趣在于分享，继而深深地埋下了写作本书的梦想种子；最后我需要特别正式地感谢本书的策划编辑吴怡女士，这个世界上大大小小的进程都需要一个第一推动力——吴怡女士促使了我写作本书的梦想变成现实。

CONTENTS

目　录

前言

第 1 章　机器学习概述 ……1

1.1　什么是机器学习 ……1

1.2　机器学习的几个需求层次 ……3

1.3　机器学习的基本原理 ……5

1.4　机器学习的基本概念 ……7

1.4.1　书中用到的术语介绍 ……7

1.4.2　机器学习的基本模式 ……11

1.4.3　优化方法 ……12

1.5　机器学习问题分类 ……14

1.6　常用的机器学习算法 ……15

1.7　机器学习算法的性能衡量指标 ……16

1.8　数据对算法结果的影响 ……18

第 2 章　机器学习所需的环境 ……20

2.1　常用环境 ……20

2.2　Python 简介 ……21

2.2.1　Python 的安装 ……23

2.2.2　Python 的基本用法 ……24

2.3　Numpy 简介 ……25

2.3.1　Numpy 的安装 ……26

2.3.2　Numpy 的基本用法 ……26

2.4　Scikit-Learn 简介 ……27

2.4.1　Scikit-Learn 的安装 ……28

2.4.2　Scikit-Learn 的基本用法 ……28

2.5　Pandas 简介 ……29

2.5.1　Pandas 的安装 ……30

2.5.2　Pandas 的基本用法 ……31

第 3 章　线性回归算法 ……33

3.1　线性回归：“钢铁直男”解决回归问题的正确方法 ……33

3.1.1　用于预测未来的回归问题 ……35

3.1.2　怎样预测未来 ……38

3.1.3　线性方程的“直男”本性 ……40

3.1.4　最简单的回归问题——线性回归问题 ……44

3.2　线性回归的算法原理 ……46

3.2.1　线性回归算法的基本思路 ……46

3.2.2 线性回归算法的数学解析……48

3.2.3 线性回归算法的具体步骤……53

3.3 在 Python 中使用线性回归算法……54

3.4 线性回归算法的使用场景……60

第 4 章 Logistic 回归分类算法……61

4.1 Logistic 回归：换上“S 型曲线马甲”的线性回归……61

4.1.1 分类问题：选择困难症患者的自我救赎……63

4.1.2 Logistic 函数介绍……66

4.1.3 此回归非彼回归：“LR”辨析……70

4.2 Logistic 回归的算法原理……71

4.2.1 Logistic 回归算法的基本思路……71

4.2.2 Logistic 回归算法的数学解析……74

4.2.3 Logistic 回归算法的具体步骤……78

4.3 在 Python 中使用 Logistic 回归算法……78

4.4 Logistic 回归算法的使用场景……81

第 5 章 KNN 分类算法……82

5.1 KNN 分类算法：用多数表决进行分类……82

5.1.1 用“同类相吸”的办法解决分类问题……84

5.1.2 KNN 分类算法的基本方法：多数表决……86

5.1.3 表决权问题……89

5.1.4 KNN 的具体含义……89

5.2 KNN 分类的算法原理……90

5.2.1 KNN 分类算法的基本思路……90

5.2.2 KNN 分类算法的数学解析……93

5.2.3 KNN 分类算法的具体步骤……94

5.3 在 Python 中使用 KNN 分类算法……95

5.4 KNN 分类算法的使用场景……96

第 6 章 朴素贝叶斯分类算法……98

6.1 朴素贝叶斯：用骰子选择……98

6.1.1 从统计角度看分类问题……99

6.1.2 贝叶斯公式的基本思想……102

6.1.3 用贝叶斯公式进行选择……104

6.2 朴素贝叶斯分类的算法原理……106

6.2.1 朴素贝叶斯分类算法的基本思路……106

6.2.2 朴素贝叶斯分类算法的数学解析……108
6.2.3 朴素贝叶斯分类算法的具体步骤……111
6.3 在 Python 中使用朴素贝叶斯分类算法……111
6.4 朴素贝叶斯分类算法的使用场景……112

第 7 章 决策树分类算法……114

7.1 决策树分类：用“老朋友”if-else 进行选择……114
7.1.1 程序员的选择观：if-else……116
7.1.2 如何种植一棵有灵魂的“树”……118
7.1.3 决策条件的选择艺术……119
7.1.4 决策树的剪枝问题……122
7.2 决策树分类的算法原理……125
7.2.1 决策树分类算法的基本思路……125
7.2.2 决策树分类算法的数学解析……127
7.2.3 决策树分类算法的具体步骤……133
7.3 在 Python 中使用决策树分类算法……134
7.4 决策树分类算法的使用场景……135

第 8 章 支持向量机分类算法……137

8.1 支持向量机：线性分类器的“王者”……137
8.1.1 距离是不同类别的天然间隔……139
8.1.2 何为“支持向量”……140
8.1.3 从更高维度看“线性不可分”……142
8.2 支持向量机分类的算法原理……146
8.2.1 支持向量机分类算法的基本思路……146
8.2.2 支持向量机分类算法的数学解析……150
8.2.3 支持向量机分类算法的具体步骤……153
8.3 在 Python 中使用支持向量机分类算法……154
8.4 支持向量机分类算法的使用场景……156

第 9 章 K-means 聚类算法……157

9.1 用投票表决实现“物以类聚”……157
9.1.1 聚类问题就是“物以类聚”的实施问题……159
9.1.2 用“K”来决定归属类别……162
9.1.3 度量“相似”的距离……164
9.1.4 聚类问题中的多数表决……165

9.2 K-means 聚类的算法原理 …… 168
9.2.1 K-means 聚类算法的基本思路 …… 168
9.2.2 K-means 聚类算法的数学解析 …… 169
9.2.3 K-means 聚类算法的具体步骤 …… 170
9.3 在 Python 中使用 K-means 聚类算法 …… 171
9.4 K-means 聚类算法的使用场景 …… 172
第 10 章 神经网络分类算法 …… 174
10.1 用神经网络解决分类问题 …… 174
10.1.1 神经元的“内心世界” …… 177
10.1.2 从神经元看分类问题 …… 180
10.1.3 神经网络的“细胞”：人工神经元 …… 181
10.1.4 构成网络的魔力 …… 184
10.1.5 神经网络与深度学习 …… 188
10.2 神经网络分类的算法原理 …… 188
10.2.1 神经网络分类算法的基本思路 …… 188
10.2.2 神经网络分类算法的数学解析 …… 190
10.2.3 神经网络分类算法的具体步骤 …… 193
10.3 在 Python 中使用神经网络分类算法 …… 194
10.4 神经网络分类算法的使用场景 …… 195
第 11 章 集成学习方法 …… 197
11.1 集成学习方法：三个臭皮匠赛过诸葛亮 …… 197
11.1.1 集成学习方法与经典机器学习算法的关系 …… 198
11.1.2 集成学习的主要思想 …… 199
11.1.3 几种集成结构 …… 200
11.2 集成学习方法的具体实现方式 …… 202
11.2.1 Bagging 算法 …… 202
11.2.2 Boosting 算法 …… 202
11.2.3 Stacking 算法 …… 202
11.3 在 Python 中使用集成学习方法 …… 203
11.4 集成学习方法的使用场景 …… 205

CHAPTER 1

第1章 机器学习概述

你身处的世界，是一个已经被机器学习包围了的世界。大到自动驾驶，小到邮件过滤，就连你不久前浏览过的APP，只要里面带有“推荐”栏目，背后依靠的都是机器学习。作为一门科学，机器学习已经在人们的生活中大展拳脚，而前面仍然有着广阔的发展空间。学习机器学习，现在正是时候。本章将介绍机器学习的背景知识，包括基本概念和原理、常用的机器学习算法、性能衡量指标、数据对算法结果的影响等，为理解后续章节打下基础。如果你此前只听过“机器学习”这四个字，但还不太了解具体所指和涉及什么内容，那本章正是为你私人订制。

1.1 什么是机器学习

在开始我们的机器学习大冒险之前，应该先明白什么是机器学习。即使两年前，很多人听到“机器学习”这个词的第一反应恐怕也是一脸错愕，可能脑海中浮现的是一张泛着冷光的钢铁人脸，或者科幻电影里的某一个场景。但现在完全不同了，网络上铺天盖地地在谈机器学习，货架上摆满了相关的书籍，学者、名人轮番发表对相关话题的看法，连之前一些其他领域的公众号都开始提醒你“小心工作不要被机器抢了去”。只是大家都没有直面那个问题：什么是机器学习？

想回答这个问题，要从机器学习、人工智能和深度学习三者的关系说起。机器学习、人工智能和深度学习都是最近很火的词，有的人用截然不同的态度评价它们，好像三者并无联系，有的人却认为它们不过是新瓶装旧酒，都是商家宣传推广的噱头。

这些看法未免有些片面，机器学习、人工智能和深度学习的目标都是让算法模拟“智能”，但层次范围不同。用北京市的环线来形容三者的关系实在最形象不过了（见图1-1）：人工智能（Artificial Intelligence）涵盖范围最广，三环以内都可以叫人工智能，它关注的问题和方法也最杂，包括知识推理、逻辑规划以及机器人等方面。机器学习（Machine Learning）住在二环，是人工智能的核心区域，也是当前发展最迅猛的一部分，子算法流派枝繁叶茂，但思想比较统一，本书就是对机器学习“查户口”。至于当下“网红”——深度学习（Deep Learning），其实原本是从机器学习的神经网络子算法分支发展出来的一系列成果，知识体系一脉相承，只不过近年大出风头，干脆重新起了个名字“单飞”了，以后有机会再详细介绍。

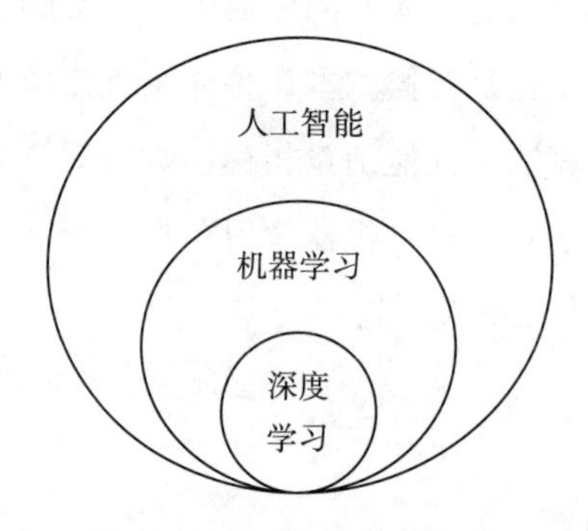

图1-1　人工智能、机器学习和深度学习三者是包含关系

既然同宗同源，基本原理自然也是大同小异。不过机器学习这几年实在太热，人们担心出现机器代替人类而带来失业风险、机器过于智能以致人类无法控制等问题，这在客观上确实给人们理解机器学习带来一定困难——我们面对的到底是一门新的技术，还是一类新的物种？

其实，虽然机器学习是在这几年才成为热议话题，但其背后的知识和技术体系绝不是这几年才横空出世。今天我们所使用的机器学习知识，都是经年累月的研究成果。很多在今天大放光彩的机器学习算法，甚至在20世纪50年代就已经被提出了，只不过近几年机器性能突飞猛进，这些算法有了强力硬件的支持，才得以像猛虎出柙一般取得瞩目的成绩。至于作为这些算法背后支撑的数学知识体系，那就更久远了。

那么机器学习到底是什么呢？没有什么特别的，形象地说，就是一个“苦命”的外包程序员。以前我们写程序时，先要知道输入什么数据、输出什么数据，然后设计功能函数，最后一行一行敲代码来实现。现在有了机器学习，我们写程序就简便多了，即把输入输出数据一股脑儿全扔过去，这位外包程序员二话不说就吭哧吭哧把后面的活全干了。我们给这个过程起了一个好听的名字——“机器学习”。

1.2 机器学习的几个需求层次

“机器学习可难懂了，首先数学知识是必需的，线性代数、概率论、微积分等一门都不能落下，还要掌握编程技术，最好是先用 Python 做一个项目……”

也许每一位打算深入了解机器学习的爱好者或多或少都听过类似的“忠告”。机器学习确实是一门算法科学，数学也确实是它背后的源泉和依靠。不过我们学知识，不是因为要学而学，而是因为有用才学的。机器学习不是“屠龙之技”，它从诞生开始就立足于解决实际问题。你要解决什么样的问题，才决定你需要学习什么样的知识，以及学到什么程度。

目的明确并不等于功利。曾经听过一个寓言：一位农夫发现墙上的钉子快要脱落了，想用锤子敲打一下，可这时他才发现家里的锤子坏了，他又去修锤子，结果修锤子的工具也坏了……这位倒霉的农夫不断陷入这样的循环，于是到了最后，他已经完全忘记自己最初的目标，因为大家发现他正在森林里跑来跑去，想要锯倒某棵大树。开始学习机器学习时，说要“向死而生”好像过于严重，但知道自己需要什么，带着目的去学习确实才是最有效率的。

也许你还需要时间思考自己到底要什么，也许你只是走过路过，顺道过来看看。那么在这里，我将根据自己遇到过的实际问题，分享我对机器学习知识的三个需求层次。

设计需求层次：这个层次有一个更接地气的名字——包工头层次。前面我们说过，机器学习就像外包程序员，我们作为包工头，只需要考虑两件事，一件事是我们要做什么，另一件事是程序能做什么。至于程序怎么做，那是后面的事。

譬如你现在要设计一个购物网站，需求很简单，也很直接，就是希望看到用户踊跃掏腰包。你问机器学习，咱能让用户多掏腰包吗？机器学习说："没问题，我能实现一个商品推荐功能，朴素贝叶斯分类算法通过挖掘共现频率……"你一挥手赶紧打断它："我不需要了解这些过程，是骡子是马拉出来遛遛就知道了。"这就是设计需求层次。

调用需求层次：上面的例子很理想，当然以机器学习现有的技术，还远不能像演二人转一样一唱一和这么智能。不过在实际工作中，又确实需要这样一个拟人的角色，这就是调用者。现在机器学习算法和算法库是现成的，就好比已经摆好了琳琅满目的上等食材，不过还需要有一位大厨把它们做成一桌好菜，才能最后端上桌。

数学需求层次：有人笑谈，在很多人心目中，数学都是"猛于虎"的存在，甚至有人说书中多一条数学公式，就会少一半的读者。虽然对于一部分人来说，数学确实让之生畏，但不要忘记数学还是一门语言，是一门由符号组成的"数学语"。与口头语言不同的是，"数学语"准确严谨，特别是需要描述一些抽象概念时，数学的优势更加明显。

对于机器学习算法中涉及的一些不太直观的理念，我们当然可以进行口语化的描述，但口语自身也存在很多局限，用来描述抽象概念反而可能让人感觉"隔靴搔痒"，更重要的是口语存在很多歧义，你理解的意思未必是我想表达的意思，特别是对于一些比较复杂的概念，可能失之毫厘而谬以千里。本书虽然力争有趣，但还是努力想成为一本严谨的读物，而不只是科普性质的"简史"。所以，在介绍新算法时会尽力用直白、形象的语言建立算法的总体图景，然后再使用"数学语"精工细作，确保每一个微小的细节都能严丝合缝。

这里首先需要说明一点，机器学习算法会涉及各种各样的数学表达式，但也许与你想的不太一样，就算同一个含义的数学式子也可能有不同的表达形式，就像同一事件可以有不同的描述方法。为了方便应用，在有多种方式可选的情况下，本书将优先采用

Scikit-Learn 说明文档中的数学表达式。

不难想象，这三种需求是从机器学习算法的思想原理、运行流程到数学解析的层层递进和不断深入，就像一只在高空翱翔的雄鹰向目标俯冲时所看到的画面，这也是本书介绍每一种机器学习算法所遵循的主要路径。不过，是不是必须先读完像《线性代数》这些数学教程才能看懂数学解析呢？能不能既了解其中原理，又不必先啃数学书呢？这个要求好像很贪心，也确实是一个挑战。本书就来挑战一下，遵循“现学现用”原则，对于马上需要用到的数学知识，我们就地现学。幸运的是，刨除细枝末节，机器学习的主要原理所用到的数学知识反而较为集中，确实存在在尽可能少地介绍数学背景的同时，尽可能多地介绍机器学习算法的数学原理的可能。

1.3 机器学习的基本原理

从本节开始，我们正式踏入机器学习的领域。不妨对照图 1-1 的关系图，把机器学习领域想象成一个圈，圈外是人工智能，用各种千奇百怪的方法模拟“智能”，而圈内则简单得多，只有一种方法，就是“学习”。

“这（机器学习）是一个妨碍你理解的名字。”类似说法在本书中还将一再重复。

那么叫什么更容易理解呢？改叫“统计模型训练”就好了很多。因为机器学习的过程不是让机器蹲在小板凳上读书识字，而是更接近于马戏团里的动物训练。

我们都看过马戏表演，各种动物根据训练员的指示，或者踢球或者跳舞，十分有趣。但不妨深入考虑一下：毕竟“爬说语”只有哈利·波特这样的巫师才能掌握，我们一般无法与动物直接沟通，那么训练员是怎样做到与动物配合无间的呢？具体过程很复杂，但说起来很简单，就是利用反馈激励机制。譬如训练海豹，训练员给海豹一个信号要它拍手，最开始海豹当然不知道要做什么，它可能做出各种动作，如点头、扭动身体，但只要它无意中做出了拍手的动作，训练员就会奖励它一条小鱼。海豹希望吃到小鱼，但它没有那么聪明，无法立即明白听到信号只要拍手就能吃小鱼，需要训练员花费大量的时间，不断给它反馈。久而久之，海豹形成了条件反射，听到信号就拍手，训练就成功了。

机器学习的过程与此类似，所以机器学习的一项主要工作就叫作“训练模型”。可是仔细一想也许会发现，“训练”这个词在机器学习中虽然常见，但感觉还是无法与机器很好地契合。那么干脆再换个词——“拟合”。

拟合是机器学习的主要工作。在学习机器学习的知识之前，你也许已经接触过很多算法，譬如冒泡排序算法或MD5消息摘要算法，它们和机器学习算法有一个很大的区别，即这些算法的结果值是“算”出来的，只要确定了输入，输出就是一个定数。而机器学习算法的结果是“猜”出来的，猜的结果受很多因素影响，具体后面再讲。如果给机器学习算法总结一个本质，我认为最符合的就是一个“猜”字。

机器学习的过程就是不断回答两个问题：“我猜是什么”和“我猜中没有”。这两个问题推动着学习过程不断进行，根据“我猜是什么”的结果回答“我猜中没有”，再根据“我猜中没有”的结果回答“我猜是什么”。

不知道大家是否玩过“猜数字”游戏。游戏规则很简单，首先裁判选定一个数字，接着参赛选手也报一个数字，裁判回答他猜大了或猜小了，不断重复这个过程，直到最后猜中。

接下来，游戏内容不变，我们引入两个机器学习的术语——“算法模型”和“损失函数”，这两个术语的具体含义马上就会解释，现在只要简单地把这两个术语当作两个名字。把参赛选手替换成“算法模型”，把裁判的回答替换成“损失函数”，那么猜数字的过程就是一个完整的机器学习过程：算法模型输出一个数值，损失函数经过计算，回馈一个偏差结果，算法模型根据这个偏差结果进行调整，再输出一个数值，周而复始，直到正确为止。这就是机器学习的学习过程，这个过程在机器学习里称作“拟合”。

拟合可以说是机器学习中最重要的概念之一，甚至有人认为机器学习算法中所谓的“学习”，本质就是拟合数据。在机器学习中，除了拟合外还有两个很重要的概念，分别为“欠拟合”和“过拟合”。欠拟合很好理解，就是学得还不像，算法模型的预测准确性不够。

过拟合则正好相反，就是学得太过了。刚接触机器学习时，“过拟合”这个概念不太好理解，我们一般会认为算法模型当然是预测得越准越好，如果只对照“欠拟合”的解释，你是不是会认为过拟合意味着模型学得太好了？其实，过拟合指的是算法模型的泛化性不好，算法模型通常通过一些具体的数据集进行训练，这些数据集称为训练集，由于采集方法等一些外部因素的硬性存在，训练集数据的分布情况（也就是一些统计指标）可能与真实环境的分布情况略有不同，如果算法模型太注重细节，反而会导致真正运用于真实环境中时预测精度下降。所以，“过拟合”中所谓的“过”，其实是相对训练集而言的，算法模型的训练最终还是以真实环境，而不是训练集中的预测精度为衡量标准。

1.4 机器学习的基本概念

1.4.1 书中用到的术语介绍

现在每过一段时间都会出现几个新的网络用语，懂的人见了会心一笑，不懂的只能摸摸脑袋，不知道“梗”在哪里，少了许多乐趣。机器学习也有许多独特的用语，在本节，我们先把机器学习的“行话”都介绍清楚。

1. 常用术语

模型：模型（Model）是机器学习的核心概念。如果认为编程有两大组成部分，即算法和数据结构，那么机器学习的两大组成部分就是模型和数据集。如果之前没有接触过相关概念，想必你现在很希望直观地理解什么是模型，但对模型给出一个简洁又严谨的定义并不容易，你可以认为它是某种机器学习算法在设定参数后的产物，它的作用和编程时用到的函数一样，可以根据某些输入得到某些输出。既然叫机器学习算法，不妨将它想象成一台机器，其上有很多旋钮，这些旋钮就是参数。机器本身是有输入和输出功能的，根据不同的旋钮组合，同一种输入可以产生不同的输出，而机器学习的过程就是找到合适的那组旋钮组合，通过输入得到你所希望的输出。

数据集：如果说机器学习的“机器”指的是模型，那么数据集就可以说是驱动着这台机器去“学习”的“燃料”。有些文献将数据集又分为训练集和测试集，其实它们的内容和形式并无差异，只是用在不同的地方：在训练模型阶段使用，就叫作训练集；在测试模型阶段使用，就叫作测试集。

数据：我们刚才提到了数据集，数据集就是数据的集合。在机器学习中，我们称一条数据为一个样本（Sample)，形式类似一维数组。样本通常包含多个特征（Feature)，如果是用于分类问题的数据集，还会包含类别（Class Label）信息，如果是回归问题的数据集，则会包含一个连续型的数值。

特征：这个术语又容易让你产生误解了。我们一般把可以作为人或事物特点的征象、标志等称作特征，譬如这个人鼻子很大，这就是特征，但在机器学习中，特征是某个对象的几个记录维度。我们都填写过个人信息表，特征就是这张表里的空格，如名字、性别、出生日期、籍贯等，一份个人信息表格可以看成一个样本，名字、籍贯这些信息就称作特征。前面说数据形式类似一维数组，那么特征就是数组的值。

向量：向量为线性代数术语，机器学习模型算法的运算均基于线性代数法则，不妨认为向量就是该类算法所对应的“数据结构”。一条样本数据就是以一个向量的形式输入模型的。一条监督学习数据的向量形式如下：

[特征 X1 值，特征 X2 值，…，Y1 值]

矩阵：矩阵为线性代数术语，可以将矩阵看成由向量组成的数组，形式上也非常接近二维数组。前面所说的数据集，通常就是以矩阵的形式输入模型的，常见的矩阵形式如下：

[[特征 X1 值，特征 X2 值，…，Y1 值],

[特征 X1 值，特征 X2 值，…，Y2 值],

…

[特征 X1 值，特征 X2 值，…，Yn 值]]

其实这个组织形式非常类似电子表格，不妨就以电子表格来对照理解。每一行就是一个样本，每一列就是一个特征维度，譬如某个数据集一共包括了7个样本，那就是有7行数据，每个样本又都有4个维度的特征，那就是每行数据有4列，用电子表格表示如图1-2所示，其中，A ～ D列为特征，E列为结果。

	A	B	C	D	E
1	样本1特征X1的值	样本1特征X2的值	样本1特征X3的值	样本1特征X4的值	样本1的Y值
2	样本2特征X1的值	样本2特征X2的值	样本2特征X3的值	样本2特征X4的值	样本2的Y值
3	样本3特征X1的值	样本3特征X2的值	样本3特征X3的值	样本3特征X4的值	样本3的Y值
4	样本4特征X1的值	样本4特征X2的值	样本4特征X3的值	样本4特征X4的值	样本4的Y值
5	样本5特征X1的值	样本5特征X2的值	样本5特征X3的值	样本5特征X4的值	样本5的Y值
6	样本6特征X1的值	样本6特征X2的值	样本6特征X3的值	样本6特征X4的值	样本6的Y值
7	样本7特征X1的值	样本7特征X2的值	样本7特征X3的值	样本7特征X4的值	样本7的Y值

图1-2　用电子表格来表示机器学习的数据集矩阵

对比一下应该就能马上理解数据集是怎样用矩阵保存数据的。有一个需要注意的细节——我们在制作电子表格时习惯添加列头或行头，譬如第一行往往是时间、名字、班级这样的信息标签，但机器学习使用的数据集一般并不包含这些列头和行头，第一格的内容就是第一个样本的第一个特征的值，与我们日常习惯稍有区别。

2. 常用函数

作为一门与数学关联很密切的科目，机器学习自然会用到大量函数，但不用恐慌，机器学习中函数所起的实际作用更接近于编程概念上的函数。在编程中，我们会给函数“喂”点什么，名曰“传参”，然后函数会反过来给我们“吐”点什么，名曰“返回值”。在机器学习中，函数扮演了类似的角色。下面我们先介绍两个机器学习中的“网红”函数：假设函数和损失函数。

假设函数（Hypothesis Function）将是我们机器学习大冒险中的主角。机器学习的模型训练依靠数据，但数据本身无法直接作为驱动模型训练的动力，而假设函数正好发挥了驱动引擎的作用，我们给假设函数灌入数据作为“燃料”，它就能产生动力输出并让学习过程运转起来。这个过程将在后面详述。

假设函数在本书中的写法是 $H(x)$，这里的 x 可以简单理解成矩阵形式的数据，我们把数据“喂”给假设函数，假设函数就会返回一个结果，而这个结果正是机器学习所得到的预测结果。为什么假设函数具有如此神奇的能力？很复杂，不过不要紧，后面我们将用整本书来解释它。

我们的机器学习之旅将是一部双主角的冒险历程，而另一大主角毫无疑问就是损失函数（Loss Function）。损失函数很重要，它为机器学习提供了学习动力。与其他算法不一样，机器学习不是一个一次就得到最终结果的计算过程，而是不断逼近学习目标的迭代过程。既然是要“逼近”，首先肯定需要通过衡量工具来度量当前距离目标是逼近了还是远离了，所以损失函数又叫目标函数。

损失函数用 $L(x)$ 表示，L 代表 Loss，这里的 x 是假设函数的预测结果。函数返回值越大，表示结果偏差越大。机器学习中有一个与损失函数含义非常相近的术语，叫作成本函数（Cost Function），通常用 $J(x)$ 表示，同样，这里的 x 也是假设函数的预测结果。成本函数与损失函数意义非常相近，同样是函数返回值越大，表示偏差越大。

损失函数和成本函数都表示预测结果与真实情况的偏差，概念非常相近，作用也类似，初学时很容易混淆。其实区别二者的关键在于对象，损失函数是针对单个样本，而成本函数则是针对整个数据集，也就是说，损失函数求得的总和就是成本函数。下次遇到要区别涉及偏差的函数时，你只需要看一看对象是谁：如果是针对单个样本的预测偏差，就是损失函数；如果要考察整个数据集的偏差之和，那么自然就是成本函数了。可以说，损失函数与成本函数既有联系又有区别，是微观与宏观的关系。

举个例子，假设有 10 个样本，我们会对这 10 个样本利用假设函数进行逐一预测，并逐一计算偏差，这时用到的是损失函数。当我们开始计算这 10 个样本的总体偏差时，我们用到的是成本函数。成本函数是由损失函数计算得到的，不过在实际计算时，可以选择令成本函数为损失函数值的总和，也可以令成本函数是损失函数值的平均，但无论是总和还是平均，其最终目标都是希望最小化成本，从而使假设函数的预测最可靠。

根据上述介绍，模型的每一轮预测结果偏差严格来说应该称作“成本值”，但这个词既不形象，念起来又拗口，后面我们将采用“损失值”来指代预测与实际的偏差。损失函数和成本函数都是衡量偏差的标尺工具，二者确实存在区别，但这种区别需要在引入样本、进入实际的模型训练阶段才能体现，仅从算法本身来看，二者并没有实质的不同。因此，许多教材在书写某个机器学习算法偏差值的计算公式时，有的会选择使用 $J(x)$ 表示，有的会选择使用 $L(x)$ 表示，看似杂乱无章，缺乏规范，实际上都是代表了相同的意思，即计算模型产生了多大的偏差。本书选择统一使用符号 $L(x)$，即用损失函数来表示损失值的计算方法。

前面我们提到模型需要利用成本函数进行多轮学习，这里又说对损失函数求和才能得到成本函数，也许这两个涉及成本函数的多次运算会让你感到困惑。这里其实涉及了三个步骤，第一步是将每个样本用损失函数进行计算之后，各自得到一个损失值，损失值的和为成本函数的损失值；第二步是将成本函数的损失值作为优化方法的输入，完成对假设函数的参数调整；第三步即重复第一步，计算出新的损失值，再重复第二步，继续调整假设函数的参数。二者的关系应该就更清楚了。

1.4.2 机器学习的基本模式

假设函数和损失函数是机器学习的重要概念，机器学习算法看似千差万别，但如果把算法结构都拆开来比较，肯定都是假设函数和损失函数这对固定组合，再搭配一些其他零部件。

同样，机器学习的运行模式也都大同小异，整个过程有点像骑共享单车。骑车的时候，我们用脚蹬踏板，踏板盘通过链条带动后轮转动，单车就可以前进了。在机器学习中，假设函数和损失函数就发挥着踏板盘和后轮的作用（如图 1-3 所示）。

要开始进行机器学习，至少要准备三样东西。首先当然是数据，如果机器学习是一架机器，数据就是燃料，若没有燃料，再强大的机器也得“趴窝”。然后是假设函数，再然后是损失函数。把数据“喂”给假设函数，假设函数会“吐”出一个结果，我们也说过了，这个是预测结果。刚开始，假设函数的预测与瞎猜基本是一个意思，很不可靠。

有多不可靠呢？这就得问问损失函数了。损失函数好比一把尺子，我们把假设函数的预测结果“喂”给损失函数，损失函数也会“吐”出一个结果，且通常是数值形式，以便告诉我们它与真实情况到底差了多少。

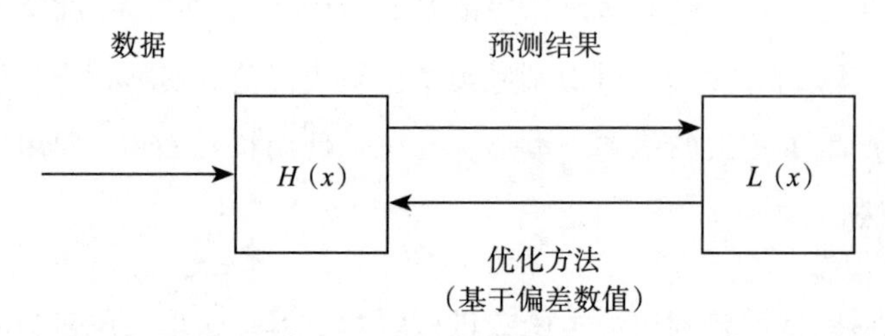

图 1-3 假设函数产生的偏差驱动着机器学习模型不断优化

这就是第一轮学习过程。但仅知道差了多少并没有什么用，我们要的是一个能进行有效预测的假设函数。那么，我们就会根据损失函数的返回结果，用一个名为优化方法的过程来调整假设函数。初始的假设函数就像没有经过训练的动物，需要“喂”给它数据，经过多轮学习后才终于打通任督二脉，成为绝世高手。

前面我们反复提到一个词——拟合，而假设函数和损失函数可以算是驱动拟合不断进行的两枚重要齿轮，通过二者的配合产生源源不断的动力，驱动着机器学习模型不断朝着损失值最小化的方向逼近，最终完成学习。

1.4.3 优化方法

上面已经反复提到了优化方法，优化方法可以算是假设函数和损失函数之间的传声筒。假设函数通过调整参数，能够对输入的数据产生期望的输出，即预测值。损失函数则可以通过比较预测值和实际值计算出损失值。可是损失函数得到损失值之后，好像有一点害羞，不好意思直接告诉假设函数出现了错误以及应该怎样修改。这时就轮到优化方法上场了，损失函数把损失值告诉优化方法，优化方法再告诉假设函数如何调整参数。

听起来好像很厉害，实际上优化方法可能非常简单，甚至简单做一下减法就可以是一种优化方法：

新参数值 = 旧参数值 − 损失值

不过这种优化方法过于简单粗暴，只能在极特殊的情况下才能奏效。幸运的是，有一类数学家专门研究优化方法（譬如牛顿法、拟牛顿法、共轭梯度法等）。

也许仅看到这些优化方法的名字就会让你倒吸一口凉气，幸好优化方法的目的只有一个，就是通过调整假设函数的参数，令损失函数的损失值达到最小。不妨先把优化方法当作 $\min(L(x))$ 函数，就好比排序算法虽然种类众多，但经典的仅有冒泡排序、选择排序、插入排序等十多种，思路和方法不同，执行效率也各不相同，但效果是完全一样的。

梯度下降（Gradient Descent）法是机器学习中常用的一种优化方法，梯度是微积分学的术语，某个函数在某点的梯度指向该函数取得最大值的方向，那么它的反方向自然就是取得最小值的方向。所以只要对损失函数采用梯度下降法，让假设函数朝着梯度的负方向更新权值，就能达到令损失值最小化的效果。

梯度下降法涉及微积分学的相关知识，需要了解其背后的性质才能更好地理解。不过梯度下降法的原理和日常生活中很常见的倒车入库非常类似。如果把车尾部和车库底杆之间的距离看成损失值，那么倒车也可以看作一个不断调整、让损失值逼近最小的过程。

我们怎么指挥司机倒车呢？首先观察倒车的方向是否正确，确保不会倒歪了，接着检查车尾部后面还有多少空间，如果还有空间，车子就会一点一点地往后蹭，当车差不多贴上底杆了，我们就喊一句“停”，倒车完成。不过总是一点点蹭，未免太浪费时间，所以当离底杆还有一段距离时，我们会让车子一次性多倒一点，如果已经很接近底杆了，我们就会提醒司机放慢倒车速度。总之，希望能够尽快缩小车尾部和底杆的距离。梯度下降法也是如此，首先由梯度确定方向，当损失值比较大时，梯度会比较大，假设函数的参数更新幅度也会大一些，随着损失值慢慢变小，梯度也随之慢慢变小，假设函数的参数更新也就随之变小了。这就是采用梯度下降作为优化方法时，利用梯度调整假设函数的参数，最终使损失值取得最小值的过程。

如果样本数量庞大，完成一次完整的梯度下降需要耗费很长时间，在实际工作中会根据情况调整每次参与损失值计算的样本数量。每次迭代都使用全部样本的，称为批量梯度下降（Batch Gradient Descent）；每次迭代只使用一个样本的，称为随机梯度下降（Stochastic Gradient Descent）。因为需要计算的样本小，随机梯度下降的迭代速度更快，但更容易陷入局部最优，而不能达到全局最优点。

1.5　机器学习问题分类

机器学习可以应用于很多领域，主要问题可以归纳为以下几类（见图 1-4）。

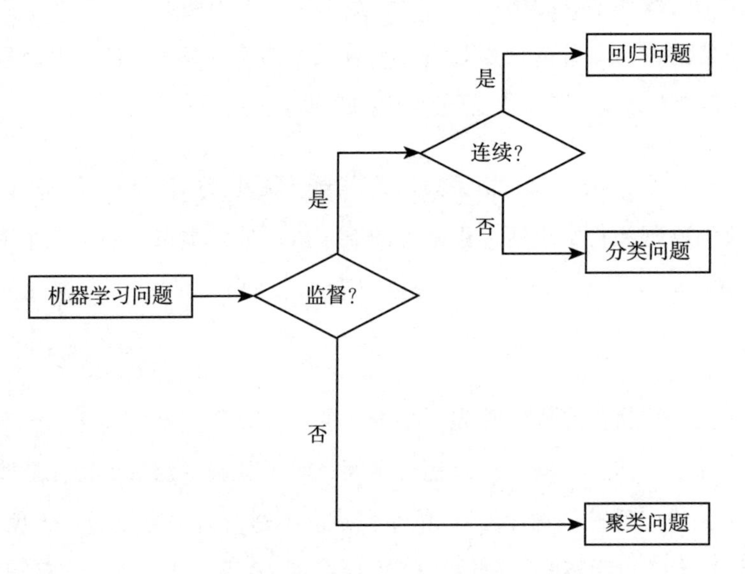

图 1-4　机器学习问题具体类别的判断方法图

首先根据是否有监督，分为无监督学习（Unsupervised Learning）和有监督学习（Supervised Learning）。在机器学习中，这是一个很重要的分类，但如果之前没有接触过机器学习，“监督”这个词可能比较难理解，如果替换成“参考答案”是不是就熟悉多了？实际情况也正是如此，有监督学习就是有参考答案的学习，具体来说，就是数据集中包含了预测结果，譬如在房价的数据集中，除了给出面积、楼龄等数据外，真实房价也给了出来，这就是有监督学习，而无监督学习则相反。

根据预测的结果类型，有监督学习又分为回归问题和分类问题。如果预测结果是离散的，通常为分类问题，而为连续的，则为回归问题。

无监督学习没有参考答案，仅通过在样本之间进行比较计算来达成目标，常见的有聚类问题。

1.6 常用的机器学习算法

常见的机器学习算法有如下几种：

（1）线性回归算法

这是最基本的机器学习算法，但麻雀虽小，五脏俱全，该算法称得上是机器学习算法界的“Hello World”程序，是用线性方法解决回归问题。该算法的具体内容以及什么是回归问题，将在第 3 章进行介绍。

（2）Logistic 回归分类算法

这可谓是线性回归算法的“孪生兄弟”，其核心思想仍然是线性方法，但套了一件名为 Logistic 函数的“马甲”，使得其具有解决分类问题的能力。该算法的具体内容将在第 4 章进行介绍。

（3）KNN 分类算法

该算法是本书介绍的分类算法中唯一一个不依赖数学或统计模型，纯粹依靠“生活经验”的算法，它通过“找最近邻”的思想解决分类问题，其核心思想和区块链技术中的共识机制有着深远的关系，将在第 5 章进行介绍。

（4）朴素贝叶斯分类算法

这是一套能够刷新你世界观的算法，它认为结果不是确定性的而是概率性的，你眼前所见的不过是概率最大的结果罢了。当然，算法是用来解决问题的，朴素贝叶斯分类算法解决的是分类问题，这也是我最喜欢的一套算法，将在第6章进行介绍。

（5）决策树分类算法

如果程序员的思维逻辑能够用if-else来概括的话，决策树分类算法应该就是最接近程序员逻辑的机器学习算法，这将在第7章进行介绍。

（6）支持向量机分类算法

如果说Logistic回归分类算法是最基本的线性分类算法，那么支持向量机则是线性分类算法的最高形式，同时也是最“数学”的一种机器学习算法。该算法使用一系列令人拍案叫绝的数学技巧，将线性不可分的数据点映射成线性可分，再用最简单的线性方法来解决问题。这套算法将在第8章进行介绍。

（7）K-means聚类算法

有监督学习是当前机器学习的一种主流方式，但样本标记需要耗费大量人工成本，容易出现样本累积规模庞大，但标记不足的问题。无监督学习则是一种无须依赖标记样本的机器学习算法，聚类算法就是其中具有代表性的一种，而K-means是聚类算法中的典型代表，将在第9章进行介绍。

（8）神经网络分类算法

神经网络就是由许多神经元连接所构成的网络，很多人认为该算法是一种仿生算法，模仿的对象正是我们的大脑。神经网络分类算法也是当下热门的深度学习算法的起点，将在第10章进行介绍。

1.7 机器学习算法的性能衡量指标

同许多初学者一样，刚接触机器学习时，我总是喜欢学习公式原理特别复杂的算法模型，觉得只要学会了一个最厉害的机器学习算法，则什么问题都能用它来取得最好的效果。可惜后来我才知道机器学习算法遵从NFL定律（No Free Lunch Theorem，中文一般翻译为“没有免费午餐定律”，但我觉得应该称之为“天生我材必有用定律”）。NFL

定律告诉我们，在所有的机器学习算法中，并不存在最厉害的算法。

难道机器学习模型都一样，不会分出个高低？当然也不是，尺有所短，寸有所长，没有最好的模型，但是有最合适的模型。机器学习算法虽然只有几种，但需要解决的问题千千万万，哪种模型适合你所要解决的问题，还需要具体问题具体分析。性能衡量指标就是一种常用的分析标准。

在分类问题中，将机器学习模型的预测与实际情况进行对比后，结果可以分为四种：TP、TN、FN 和 FP。每一种结果由两个字母组成，第一个字母为 T 或 F，是 True 和 False 的首字母缩写，表示预测结果是否符合事实，模型猜得对不对。第二个字母为 P 或 N，是 Positive 和 Negative 的首字母缩写，表示的是预测的结果。对于分类问题，机器学习模型只会输出正类和负类两种预测结果。详细内容见第 4 章，这里只要知道都是模型的预测结果就可以了。

具体来说，也就是：

- TP：True Positive，预测结果为正类，且与事实相符，即事实为正类。
- TN：True Negative，预测结果为负类，且与事实相符，即事实为负类。
- FP：False Positive，预测结果为正类，但与事实不符，即事实为负类。
- FN：False Negative，预测结果为负类，但与事实不符，即事实为正类。

有了结果分类，就可以计算指标了。常用的指标有三个，第一个为准确率（Accuracy），表达式如下：

$$\frac{TP+TN}{TP+FN+FP+TN} \tag{1-1}$$

分母中四个类都有，也就是表示所有结果。分子是 TP+TN，TP 表示模型猜对了，TN 也表示模型猜对了，两个加起来就是全部猜对了的结果。因此，准确率的含义是模型猜对了的结果在全部结果中的占比，猜对的越多，得分就越高。

第二个为精确率（Precision），又叫查准率，光看名字很容易与第一个指标混淆，最好的区别方法是看表达式。查准率的表达式如下：

$$\frac{\mathrm{TP}}{\mathrm{TP+FP}} \tag{1-2}$$

表达式上的区别就很明显了，光是在长度上就短了很多。此表达式的分母是 TP+FP，TP 表示预测结果为正类，FP 也表示预测结果为正类，二者相加就是全部预测为正类的结果。分子是 TP，代表预测为正类，且与事实相符的结果。说起来很拗口，但只要联合起来看，分母说的是所有预测为正类的结果，分子说的是正类结果中猜对了的那部分，它在全部的正类结果中的占比就是查准率。换句话说，模型预测对正类结果的预测越准确，查准率就越高。

第三个为召回率（Recall)，又叫查全率，是查准率的“表兄弟”。要求“不可滥杀无辜”时，看查准率；要求“宁可杀错一千也不放过一个”时，看查全率。查全率的表达式如下：

$$\frac{\mathrm{TP}}{\mathrm{TP+FN}} \tag{1-3}$$

这俩表兄弟经常联合起来使用，因为分子都是 TP，但查全率的分母是 TP+FN，换了右半边，意思也不一样了。TP 表示事实为正类，FN 也表示事实为正类，两者相加表示全部事实是正类的结果。整个表达式的意思是，在全部正类中，看看模型能正确找出来多少，找出来的越多，查全率就越高。

1.8 数据对算法结果的影响

1. 数据决定了算法的能力上限

相信你在学习机器学习时，关注重点会放在算法上，特别想知道机器学习都有哪些算法，哪个算法最厉害，而你在市面上能见到的教材和课程也都集中在算法上。本书主要讨论的也是算法，但我想告诉你的是，在机器学习中，最重要的不是算法而是数据。

有一句话我觉得很有道理——数据决定了模型能够达到的上限，而算法只是逼近这个上限。

2. 特征工程

既然数据决定了模型能够达到的上限，那“喂”给模型什么样的数据自然须慎重考虑。我们知道，一件事可以从多个角度讲述，同样，统计时也可以有多种维度，这些统计维度就是前面所介绍的组成一条样本数据的多个特征。机器学习模型正是从这些特征中进行学习，特征有多少价值，机器才能学多少价值。如果数据是金矿，那么特征则是含金量。即便使用的是同样的模型算法，但如果用于学习的特征不同，所得结果的价值也不同，选取的特征越合适，含金量越高，最后学习到的结果也越有价值。

CHAPTER 2

第2章

机器学习所需的环境

工欲善其事，必先利其器，机器学习也不例外。算法原理理解得再清楚，最终也需要通过编写代码来真正实现功能和解决问题。本章将介绍当前机器学习主流的编程语言环境，当前机器学习使用最多的编程语言是Python，在业界口碑一直不错的Python语言借着机器学习的东风一下跻身编程语言热门榜的首位。本章还将介绍Python语言下机器学习相关的支持库，包括科学计算支持库Numpy、机器学习库Scikit-Learn和数据处理库 Pandas。想要在实际工作中使用机器学习解决具体问题时，使用这些支持库将大大提升效率。

2.1 常用环境

一般来说，算法理论的实践方式有两种，一种是自己动手将算法用代码都实现一遍，另一种则是充分利用工具的便利性，快速了解掌握现有资源后，随即开始着手解决现实问题。对于要不要重复造轮子的争论，我想是很难有决断的，两种方法各有利弊，这里我们选用第二种，这也贯彻了本书的宗旨：不是为了学习知识而制造知识，而是为了解决问题去学习知识。机器学习经过这几年的高速发展，已经积累了非常丰富的开放资源，通过充分利用这些资源，哪怕此前你对这个领域不了解，也能快速掌握并着手解决实际问题。

首先是编程语言，我们选择 Python。在前些年，Python 和 R 语言在机器学习领域保持着双雄并立的局面，大致可以认为工业界偏爱 Python 而学术界偏爱 R，但随着技术发展，特别是这几年深度学习所需的支持库毫无例外地都选择了用 Python 实现之后，Python 语言已经成为机器学习领域毫无疑问的“老大”。由于机器学习的火热，Python 甚至拥有了与传统编程语言 C 和 Java 一较高下的底气，在多种编程语言排行榜上都大有后来居上的趋势。那么 Python，决定就是你了！

接下来是支持库 Numpy。机器学习涉及矩阵运算等大量数学运算，好在 Python 有两大特点，一是灵活，二是库多，Numpy 就是 Python 中专门设计用于科学计算的专业支持库，在业界有口皆碑。不只是机器学习，其他科学领域譬如天体物理涉及的数学运算，要么直接使用 Numpy，要么基于 Numpy 构建更高层的功能库。

最后是算法库 Scikit-Learn。基于 Python 的机器学习算法库实际上有很多，每过一段时间就会冒出个“前五”“前十”这样的排行，但稳坐榜首的一直是 Scikit-Learn，它不但种类齐备，市面上见得到的机器学习算法基本上都能在此找到对应的 API，简直是一家“机器学习算法超市”，而且封装良好、结构清晰，你可以通过简单几行代码就能完成一个复杂算法的调用，是机器学习领域入门的福音，更是进阶的法宝。本书所介绍的机器学习算法都能通过 Scikit-Learn 简单完成调用，因此它也是本书的客串主角，将陪伴我们走完整个机器学习之旅。

另外再加上一个 Pandas 数据处理库。它内置许多排序、统计之类的实用功能，属于“没它也不是不行，但有它会方便很多”的角色。业界实现机器学习，基本上都会用到 Numpy、Scikit-Learn 和 Pandas 这三件套。

2.2 Python 简介

Python 是一种动态的高级编程语言，与 C 和 Java 需要编译执行不同，Python 代码是通过解释器解释执行，一个明显的区别是，Python 的数据类型不用事先声明，语法更为灵活多变，代码看起来也更加简洁，用C和Java需要十行代码才能写明白的意思，可能用Python写一行就可以了。高效快速是Python引以为傲的特点，Python社区甚至流传一句口号：“Life is short, I use Python。”

Python仍在不断迭代，而且并不向前兼容，这也导致当前Python分裂成两大版本分支，即Python 2.X和Python 3.X，虽然从语法上看还不至于成为两款语言，但二者代码是无法混用的，对于版本的选择也是开始学习使用Python时所要确定的第一件事。

之前一般认为，Python 2.X的发展时间更长，各方面的支持库更多且更成熟，不少人推荐从这个版本入手。但随着Python团队宣布将于2020年停止对Python 2.X的维护，各大社区都早已开始了从2.X向3.X迁移的工作，所以现在开始学Python的话更建议选择3.X。Python官网见图2-1。

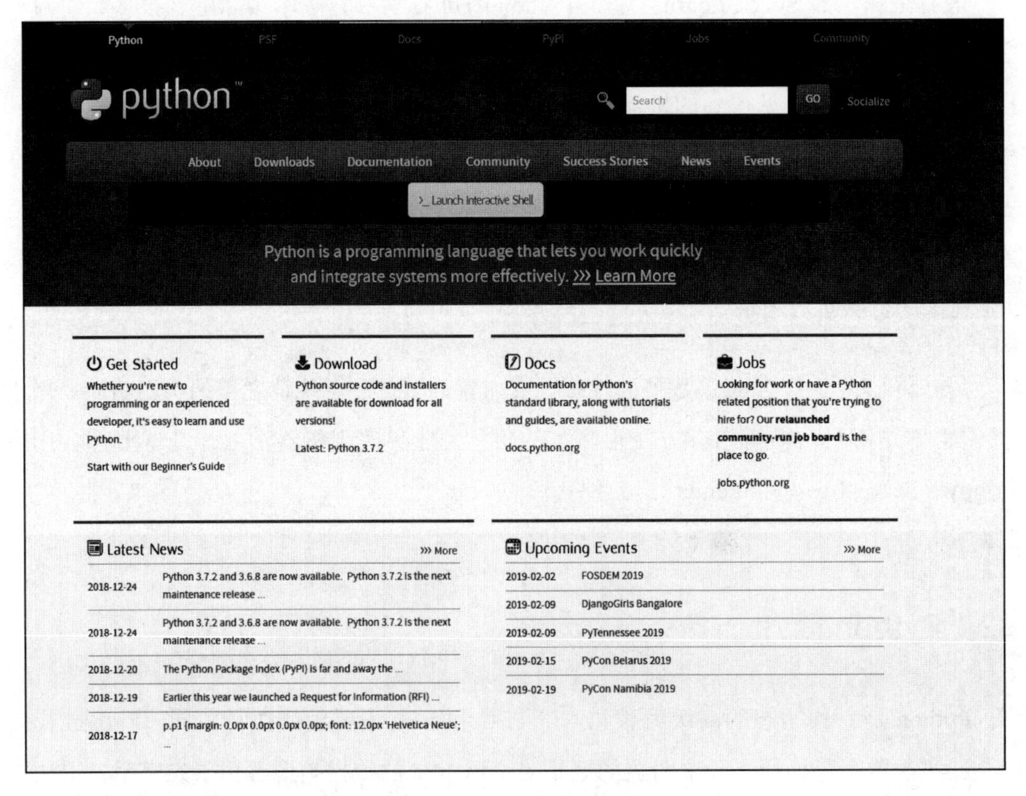

图2-1 Python官网首页

2.2.1 Python 的安装

Python 具有很强的泛用性，支持 Windows、Linux/UNIX、Mac OS X 等主流操作系统平台，安装也很简单，可以通过 https://www.python.org/downloads 选择你使用的操作系统平台所对应的在线或离线安装包并进行安装。在安装包下载页面同时提供了多个版本的 Python 安装包，如果初次接触可能让你觉得难以选择。不过请放心，本书所需的 Python 运行环境只要满足 Python 版本不低于 3.4 即可。你也可以直接下载最新版本的 Python 安装包，在本书撰写时，最新版本为 3.7.2 版，如图 2-2 所示。

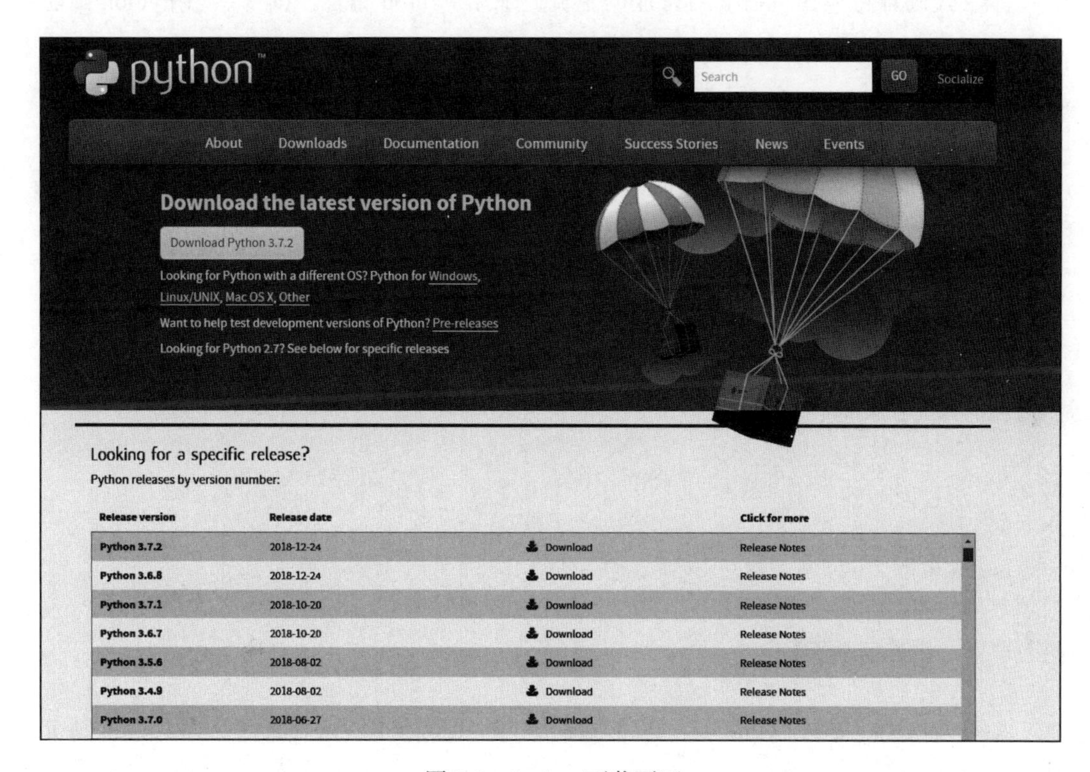

图 2-2　Python 下载页面

Python 是一款开源编程语言，你也可以选择通过源代码进行编译安装。

2.2.2 Python的基本用法

Python是一款通用编程语言，语法满足图灵完备性，这里无法完全展开说明。不过，如果你熟悉C或者Java语言，那么可以认为Python的语法就是它们的高度精简版，除了上面提到的不用进行类型声明外，Python还少了用来表示作用域的大括号以及语句结尾的分号，但同时，在Python中缩进不仅仅是代码规范，而是语法层面的强制要求。如果你有语言基础，记住这些区别，应该就能很快熟练地使用Python。

本书代码都将遵循机器学习行业的主流，采用Python编程。读者熟悉Python则能更好理解，不过为了更方便学习，在本书中涉及的Python代码都会进行释义，努力做到不需要额外的基础和背景知识，就能让你明白每一行代码的含义。

这里仅对两项常用的Python工具进行说明，即Python库安装工具Pip和Conda。丰富的第三方支持库是Python功能强大的原因之一。在使用Python实现功能时，往往需要依赖第三方支持库，这些第三方库需要先安装再使用。安装方法是通过Pip或Conda工具，在命令行输入命令：

```
pip install 库名
```

或

```
conda 库名
```

进行联网下载并自动安装。

一般当你成功安装Python后，就能在命令行中直接使用Pip命令了，而Conda则可能需要额外进行安装才能够使用。Conda的功能更为强大，但如果你并不了解Python及相关背景知识，推荐通过Pip工具来下载安装第三方库。

在库的使用方面，Python也与其他编程语言一样，需要先导入再使用，语法是：

```
import 库名
```

import 之后就能正常使用库的资源了。如果库名较长，还可以使用：

```
import 库名 as 别名
```

设定别名之后，通过别名也能够使用库的资源。

要使用库里的某个类，可以通过“库名 . 类名”的方法调用。如果认为这样写麻烦，或者导致单行语句太长，可以在导入时使用：

```
from 库名 import 类名
```

这样就可以在代码中直接使用类名了。

2.3 Numpy 简介

Numpy 是 Python 语言的科学计算支持库，提供了线性代数、傅里叶变换等非常有用的数学工具。Numpy 是 Python 圈子里非常知名的基础库，即使你并不直接进行科学计算，但如图像处理等相关功能库，其底层实现仍需要数学工具进行支持，则需要首先安装 Numpy 库。Numpy 官网见图 2-3。

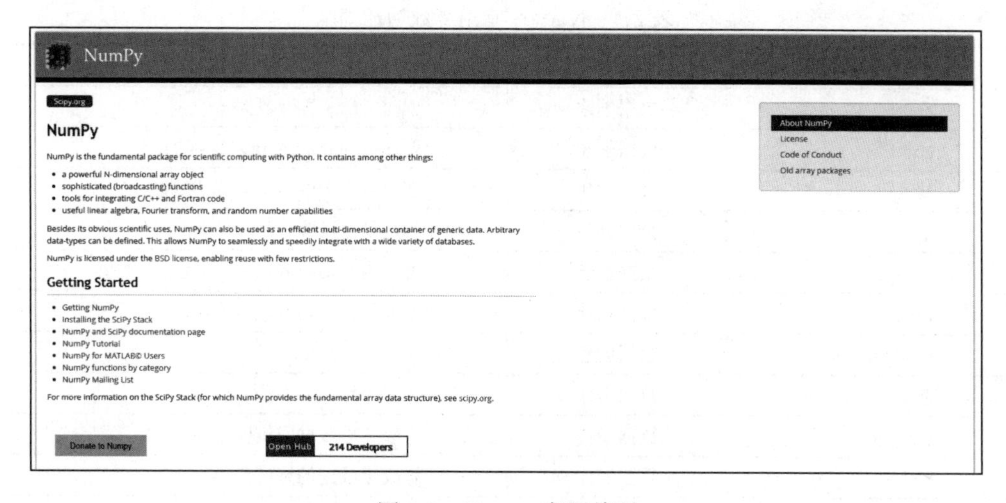

图 2-3　Numpy 官网首页

2.3.1　Numpy的安装

Numpy的安装很简单，使用Pip直接安装即可。命令如下：

```
pip install -U numpy
```

2.3.2　Numpy的基本用法

Numpy拥有强大的科学计算功能，也许刚一接触容易眼花缭乱，不知从何入手。不过不必担心，Array数据类型是Numpy的核心数据结构，与Python的List类型相似，但功能要强大得多。Numpy相关功能都是围绕着Array类型建设的，可以作为你了解Numpy的一条中心线索。

使用Numpy包很简单，只要用import导入即可。业界习惯在导入时使用“np”作为它的别名：

```
import numpy as np
```

导入后就可以使用了，常用功能见表2-1。

表2-1　Numpy常用函数功能表

方法名称	类别	功能说明
array	数据创建	创建Array类型数据
zeros	数据创建	创建值为0的Array类型数据
ones	数据创建	创建值为1的Array类型数据
eye	数据创建	创建单位矩阵
arange	数据创建	类似内置函数range，生成等差数值
linspace	数据创建	生成可指定是否包含终值的等差数值
random.rand	数据创建	随机生成数值
T	数据操作	转置操作
reshape	数据操作	不改变原数据的维度变换
resize	数据操作	修改原数据的维度变换

（续）

方法名称	类别	功能说明
mean	统计操作	取均值
sum	统计操作	求和
max	统计操作	取最大值
min	统计操作	取最小值
var	统计操作	求方差
std	统计操作	求标准差
corrcoef	统计操作	计算相关系数
append	数据操作	新增
insert	数据操作	插入
delete	数据操作	删除
concatenate	数据操作	按行（列）连接数据表
add	数学运算	标（向）量加法
subtract	数学运算	标（向）量减法
multiply	数学运算	标（向）量乘法
divide	数学运算	标（向）量除法
exp	数学运算	以 e 为底的指数运算
log	数学运算	以 e 为底的对数运算
dot	数学运算	点乘

2.4 Scikit-Learn 简介

正如机器学习中推荐使用 Python 语言，用 Python 语言使用机器学习算法时，推荐使用 Scikit-Learn 工具，或者应该反过来，现在机器学习推荐使用 Python，正是因为 Python 拥有 Scikit-Learn 这样功能强大的支持包，它已经把底层的脏活、累活都默默完成了，让使用者能够将宝贵的注意力和精力集中在解决问题上，极大地提高了产出效率。Scikit-Learn 官网见图 2-4。

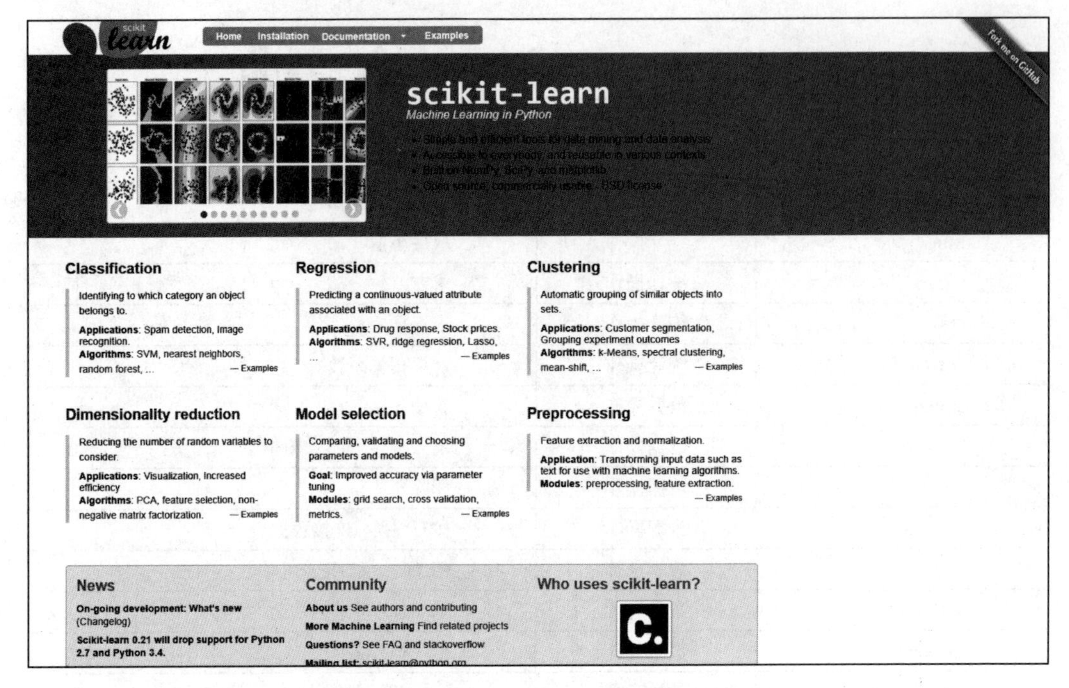

图 2-4 Scikit-Learn 官网首页

2.4.1 Scikit-Learn 的安装

安装 Scikit-Learn 可以有两种方法。通过 Pip 安装，命令如下：

```
pip install -U scikit-learn
```

或通过 Conda 安装，命令如下：

```
conda install scikit-learn
```

2.4.2 Scikit-Learn 的基本用法

Scikit-Learn 库包含了常见的机器学习算法，而且还在不断更新，在书上看到的机器学习算法都可以在 Scikit-Learn 库中找到，不妨将它当作机器学习算法的百科全书来使用。Scikit-Learn 库是本书的重点介绍对象，这里简要介绍它的用法。

使用 Scikit-Learn 包很简单，使用 import 导入即可，但须注意 Scikit-Learn 包的包名为 sklearn：

```
import sklearn
```

调用机器学习算法也非常简单，Scikit-Learn 库已经将算法按模型分类，查找起来非常方便。如线性回归算法可以从线性模型中找到，用法如下：

```
from sklearn import linear_model
model = linear_model.LinearRegression()
```

Logistic 回归算法也是依据线性模型，同样也在其下：

```
from sklearn.linear_model import LogisticRegression
model =linear_model.LogisticRegression()
```

类似的还有基于近邻模型的 KNN 算法：

```
from sklearn.neighbors import NearestNeighbors
model =NearestNeighbors()
```

生成模型后，一般使用 fit 方法给模型“喂”数据及进行训练。完成训练的模型可以使用 predict 方法进行预测。

Scikit-Learn 库对机器学习算法进行了高度封装，使用过程非常简单，只要根据格式填入数据即可，不涉及额外的数学运算操作，甚至可以说只要知道机器学习算法的名字和优劣，就能直接使用，非常便利。

2.5 Pandas 简介

Pandas 是 Python 语言中知名的数据处理库。数据是模型算法的燃料，也决定了算法能够达到的上限。一般在学习中接触的数据都十分规整，可以直接供模型使用。但实际上，从生产环境中采集得到的“野生”数据则需要首先进行数据清洗工作，最常见的如填充丢失字段值。数据清洗工作一般使用 Pandas 来完成，前文所提到的特征工程也可通过 Pandas 完成。Pandas 官网见图 2-5。

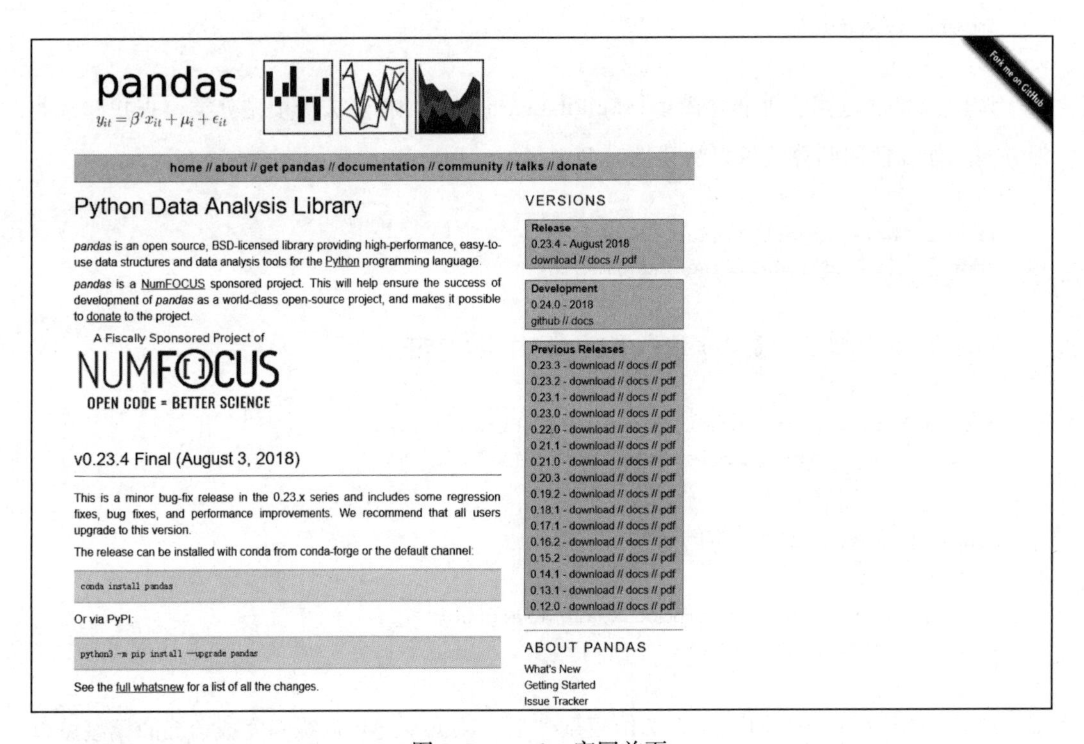

图 2-5　Pandas 官网首页

2.5.1　Pandas 的安装

安装 Pandas 可以有两种方法。通过 Pip 安装，命令如下：

```
pip install -U pandas
```

或通过 Conda 安装，命令如下：

```
conda install pandas
```

2.5.2　Pandas 的基本用法

Pandas 针对数据处理的常用功能而设计，具有从不同格式的文件中读写数据的功能，使用 Pandas 进行一些统计操作特别便利。与 Numpy 类似，Pandas 也有两个核心的数据类型，即 Series 和 DataFrame。

- Series：一维数据，可以认为是一个统计功能增强版的 List 类型。
- DataFrame：多维数据，由多个 Series 组成，不妨认为是电子表格里的 Sheet。

使用 Pandas 包很简单，只要 import 导入即可。业界习惯在导入时使用“pd”作为它的别名：

```
import pandas as pd
```

导入后就可以使用了，其常用功能见表 2-2。

表 2-2　Pandas 常用函数功能表

方法名称	类别	功能说明
read_csv	读取数据	从 CSV 格式文件中读取数据
read_excel	读取数据	从电子表格中读取数据
read_json	读取数据	从 json 格式的文件中读取数据
read_clipboard	读取数据	从剪切板读取数据
to_csv	写入数据	将数据写入 CSV 格式文件
to_excel	写入数据	将数据写入电子表格
to_json	写入数据	将数据写入 json 格式文件
to_clipboard	写入数据	将数据写入剪切板
Series	写入数据	创建 Series 类型数据
DataFrame	写入数据	创建 DataFrame 类型数据
head	信息查看	从头开始查看 N 位数据
tail	信息查看	从末尾开始查看 N 位数据
shape	信息查看	行列数信息
dropna	数据操作	删除空值
fillna	数据操作	填充空值
sort_values	数据操作	正（逆）序排序
append	数据操作	横向（按行）连接两个数据表

（续）

方法名称	类别	功能说明
concat	数据操作	纵向（按列）连接两个数据表
value_counts	统计操作	值计数
describe	统计操作	总体概况信息
info	统计操作	数值类型统计
mean	统计操作	取均值
corr	统计操作	计算相关系数
count	统计操作	非空值计数
max	统计操作	取最大值
min	统计操作	取最小值
median	统计操作	计算中位数
std	统计操作	计算标准差

CHAPTER 3

第3章 线性回归算法

机器学习涉及的知识面很广，但总的来说有两条主线，一条主线是**问题**，另一条主线是**模型**。机器学习看起来可解决的问题五花八门，但总的来讲主要分为有监督学习和无监督学习两大种类，有监督学习是当前机器学习的研究热点，其下又可分出回归问题和分类问题两大类。有了问题，还需要寻找对应的解决方法，条条大路通罗马，一种问题可以从多种角度思考，从而有多种解决方法，对于这些“通罗马的大路”，在机器学习中称之为模型。在机器学习中有着丰富的模型，其中线性模型是最简单，也是最常见的机器学习模型。本章将介绍什么是回归问题、解决回归问题的基本思路步骤和用机器学习模型解决回归问题的基本原理，以及如何用线性模型解决回归问题。

3.1 线性回归：“钢铁直男”解决回归问题的正确方法

本章将正式介绍机器学习算法，我们选择从线性回归（Linear Regression）开始。许多机器学习教材习惯一上来就深入算法的细节，这当然也有好处，但学习一门之前不大接触的新技术时，我更倾向于遵循学习思维三部曲的节奏：是什么（What）、为什么（Why）和怎么做（How）。如果我们之前未接触过机器学习，那么开始学习时首先问的当然是“机器学习是什么”。

所以我们选择从线性回归算法开始。线性回归算法不但结构简单，原理好懂，同时又包含了机器学习算法的典型运作特征，方便你鸟瞰机器学习算法的运行全貌，以及仔细观察每个组成构件的细节情况。如果此前你并不了解机器学习，不妨将线性回归当作机器学习算法中的入门任务。

学习新技术一直存在这样的矛盾：技术太复杂则担心学不会，技术太简单又担心是不是已经过时了。毕竟我们这个时代的计算机科学正在一日千里地飞速发展着，计算机类教材里的许多技术可能已经被新兴技术取代而退出了历史舞台，只是出于知识结构的完整性等考虑才像恐龙骨架一样在教材里保留着一席之地。但请放心，线性回归完全不是这么一回事。线性回归是一套在当下仍然具有很高实战价值的算法，在很多现实场景中仍然发挥着不可替代的作用，不但“麻雀虽小，五脏俱全”，适合介绍剖析，而且还像麻雀一样，蹦蹦跳跳地活跃在机器学习应用的第一线。

想要说清楚线性回归，先回到“线性回归”这个吓人的名字上。在通往机器学习的路上有着各色各样的拦路虎，首先跳出来吓你一哆嗦的肯定是那些古古怪怪的术语，“线性回归”就是里面的杰出代表。

初次接触“线性回归”，可能都不知道该怎么断句，一不小心就要被吓得干脆打退堂鼓。不要怕它，首先我们将这个看似无从下手的词分成“线性”和“回归”两块，可以认为这代表了两个知识领域：前者是一类模型，叫“线性模型”；后者是一类问题，叫“回归问题”。这样“线性回归”这个词可以理解成一句话，即用线性模型来解决回归问题。

线性模型和回归问题凑成一对并非是剧本一开始就安排好的。回归问题是机器学习中非常经典的一类问题，换句话说，就是有许许多多的方法模型都会用于解决回归问题。但除了回归问题，这些方法模型也可以解决其他问题，如分类问题，下一章我们就将看到，同样一套线性模型是怎样又解决了分类问题的。总而言之，问题和模型是多对多的关系，问题提出要求，模型给予解决，毕竟算法和人生一样，没有剧本只有惊喜，遇上了又能对得上，那才好凑成一对，所以当大家用线性模型解决回归问题时发现还挺顺手并经常用，后来干脆起了“线性回归”这个名字。

介绍完了名字，接下来就是“正菜”。大多数教材最习惯的做法是一上来就抛出各种眼花缭乱的公式，让人深深陷入术语、符号和推导等细节之中，就像是正要开始学游泳，不知就里便被扔进了大海，从此拖着长长的心理阴影。细节很重要，但理念更重要，刚接触机器学习谁都只是一张白纸，要在上面大展宏图，首先得确定基本主题，然后勾勒整体脉络，最后才是添加细节。这也正是本书介绍机器学习的方式。

机器学习是问题导向的，正因有了问题才会设计算法，这是机器学习最主要的脉络。本章要解决的问题是回归问题，用的方法是线性回归算法。如果也将线性回归算法比作一架机器，那线性方程和偏差度量就是组成这架机器的两大构件，它们在权值更新这套机制下齐心协力地运转，最终解决回归问题。这也是本章的要点，请格外加以关注：

- 回归问题
- 线性方程
- 偏差度量
- 权值更新

3.1.1 用于预测未来的回归问题

所以如果你担心接下来将要看到什么深奥的术语则大可不必，机器学习并非凭空而生的学科，这里所说的回归问题正是从统计学那里借来的救兵。两百年前，与达尔文同时代的统计学家高尔顿在研究父代与子代的身高关系时，发现一种“趋中效应”：如果父代身高高于平均值，则子代具有更高概率比他父亲要矮，简单来说就是身高回归平均值。“回归”一词也由此而来。在回归的世界里，万物的发展轨迹都不是一条单调向上走或向下走的直线，而是循着均值来回波动，一时会坠入低谷，但也会迎来春暖花开，而一时春风得意，也早晚会遇到坎坷挫折，峰回路转，否极泰来，从这个角度看，回归与其说是一个统计学问题，不如说更像是一个哲学问题。

那么什么是回归问题呢？回归问题的具体例子很多，简单来说各个数据点都沿着一条主轴来回波动的问题都算是回归问题。回归问题中有许多非常接地气的问题，譬如根据历史气象记录预测明天的温度、根据历史行情预测明天股票的走势、根据历史记录预测某篇文章的点击率等都是回归问题。正因为回归问题充满了浓厚的生活气息，也就成为一类十分常见的机器学习问题。

当然，回归问题作为一种类型，有着自己独特的结构特征，在上面描述什么是回归问题时，我刻意反复使用“历史”和“预测”这两个词，原因正是记录历史值和预测未来值是回归问题的两个代表性特征。在机器学习中，回归问题和分类问题都同属有监督学习，在数据形式上也都十分相似，那么怎么区分一个问题究竟是回归问题还是分类问题呢？

回归问题和分类问题最大的区别在于预测结果

根据预测值类型的不同，预测结果可以分为两种，一种是连续的，另一种是离散的，结果是连续的就是预测问题。这里的“连续”不是一个简单的形容词，而是有着严格的数学定义。不过额外引入太多复杂的概念反而会偏离主线，好在“连续”是一个可以感受的概念，最直接的例子就是时间，时间当然是连续的，连续型数值在编程时通常用 int 和 float 类型来表示，包括线性连续和非线性连续两种，如图 3-1 所示。

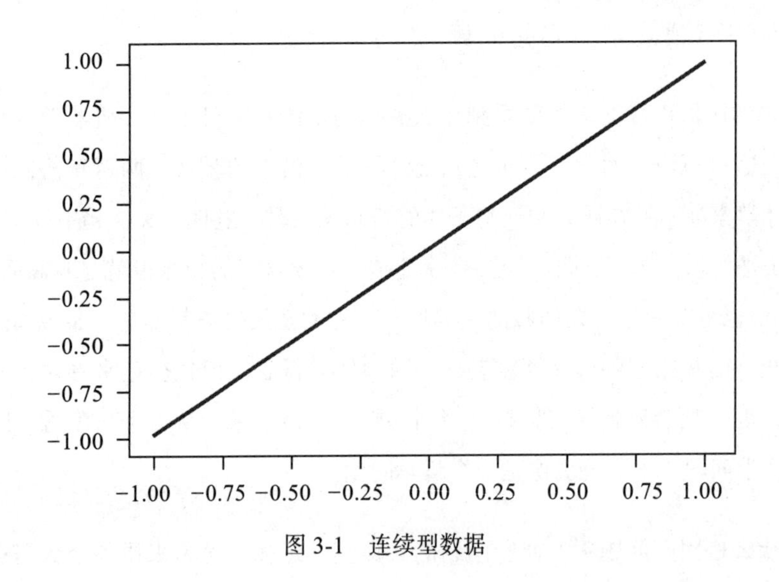

图 3-1　连续型数据

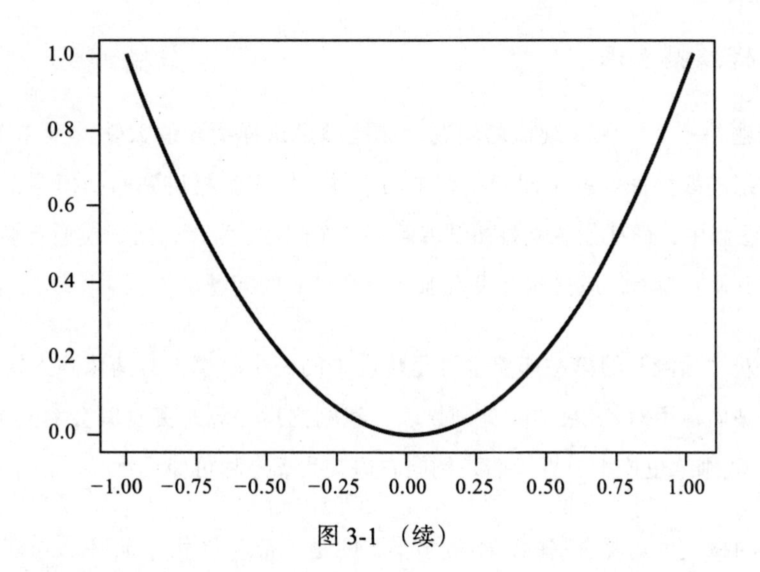

图 3-1 （续）

相比之下，离散型数值的最大特征是缺乏中间过渡值，所以总会出现“阶跃”的现象，譬如“是”和“否”，通常用 bool 类型来表示，如图 3-2 所示。

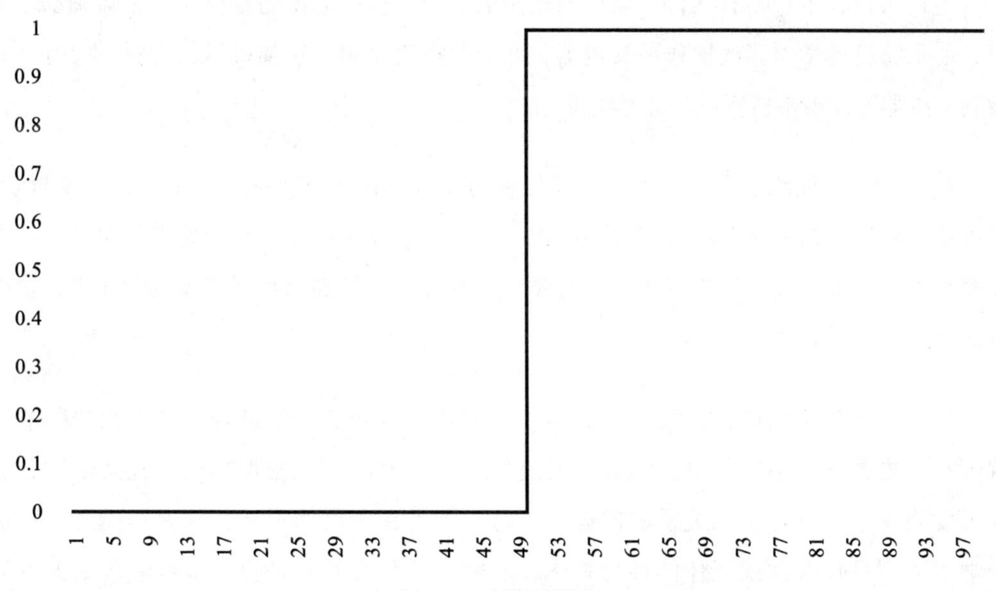

图 3-2 离散型数据

3.1.2　怎样预测未来

回归问题是一类预测连续值的问题，而能满足这样要求的数学模型称作回归模型，我们即将介绍的线性回归就是回归模型中的一种。许多教材讲到回归模型，总是匆匆进入具体的算法当中，而往往忽略替初学者解答一个问题：为什么回归模型能够进行预测？这是一个似乎理所当然，但其实并没有那么不喻自明的问题。

许多人对“预测”的第一印象也许是传说中的一个故事，有两位高人结伴出行，晚上歇于一处破庙，甲对乙说，“睡觉别靠墙，我刚掐指一算，寅时墙会倒。”乙不屑一顾地摆摆手，“我刚才也掐指一算，墙是倒向右边，我靠左睡可保无忧。”

故事里的高人也是要看书的，不过多半看的是《奇门遁甲》，而不太可能是《机器学习》。奇门遁甲不在本书的讨论范围，那么，机器学习的回归模型能不能实现精准的预测呢？

也许可以，不过要有条件：需要有充足的历史数据。数据的重要性怎么强调都不为过，如果将机器学习算法比作一架机器，那么数据就是驱动这架机器的燃料，没有燃料驱动，机器设计得再精巧也只能是摆设。

我们不是要预测未来吗，为什么反而说历史数据这么重要呢？这个问题涉及哲学，可以追溯到世界是万事万物相互联系的统一整体，或者简单一点，不妨把预测当作一次侦探小说中的推理过程，犯罪手法总是要留下痕迹的，只要你找到相关联的线索，就能够推理出最终的结果。

当然，预测难就难在待预测对象与什么相关是未知的，不过好在其中的关联关系就藏在历史数据之中，你要做的就是通过机器学习算法把它挖掘出来。机器学习算法并不发明关系，只是关联关系的搬运工。有一种尚存争议的观点甚至说得更直白：机器学习远不是什么欲说还休的神秘技术，从数学的角度看就是拟合，对输入数据点的拟合。

机器学习实现预测的流程

机器学习算法究竟有什么魔力，竟然能够预测未来？不妨就以前面两个高人的故事为例，用科学观点来研究墙体坍塌的问题。墙体坍塌可能由许多偶然因素导致，我们都不是土木专家，不妨凭感觉随手列出几条可能导致墙坍塌的因素：譬如可能与砌墙的材质有关，土坯墙总比水泥墙容易垮塌；可能与使用时间的长短有关；可能与承建商有关，喜欢偷工减料的工程队容易出“豆腐渣工程”；还有一些外部环境因素，譬如整天风吹雨淋的墙容易垮塌；最后就是墙体坍塌之前总会有一些早期迹象，譬如已经出现很多裂缝等。

上面所列因素有三种情况：与坍塌密切相关，与坍塌有点关系，以及与坍塌毫无瓜葛。如果人工完成预测任务，当然最重要的工作就是找出哪些是密切相关的，放在第一位；哪些是有点关系的，放在参考位置；哪些毫无瓜葛，统统删掉。可是我们又怎么知道哪些因素有哪些关系呢？这时我们就可以制作一张调查表，把砌墙用的什么材料、已经用了多久、出现了多少条裂缝等情况一一填进去，这就是前面所说的数据集中每一条样本数据的维度。就像商家很喜欢通过网上问卷来了解用户偏好一样，我们也利用调查表来了解墙体坍塌有什么“偏好”。调查表大概形式如表 3-1 所示。

表 3-1　墙体坍塌调查表

记录编号	材质	已使用时间	承建商	外部环境	裂缝条数	坍塌概率
1019	建筑用砖	18 年 3 个月	第一建筑队	良好	2 456	70%
2323	土坯	5 年 7 个月	马某	一般	890	40%
4003	钢筋混凝土	5 年 3 个月	牛某	好	54	10%
5873	空心砖	2 年 5 个月	赵某	较好	3 143	90%

最后一栏是“坍塌概率”，这是我们最关心的，也是有监督学习所必需的。这些已知的坍塌概率以及相关的维度数据将为未知概率的预测提供重要帮助。

最后也是最关键的一步，是找出各个维度和坍塌之间的概率，而这个步骤将由模型自行完成。我们要做的只是将长长的历史数据输入回归模型，回归模型就会通过统计方法寻找墙体坍塌的关联关系，看看使用时间的长短和承建商的选择谁更重要，相关术语叫作训练模型，从数学的角度看，这个过程就是通过调节模型参数从而拟合数据。怎样调节参数来拟合数据是每一款机器学习模型都需要思考的重要问题，我们后面再说。

模型训练完毕后，再把当前要预测的墙体情况按数据维度依次填好，回归模型就能告诉我们当前墙体坍塌概率的预测结果了。流程如图 3-3 所示。

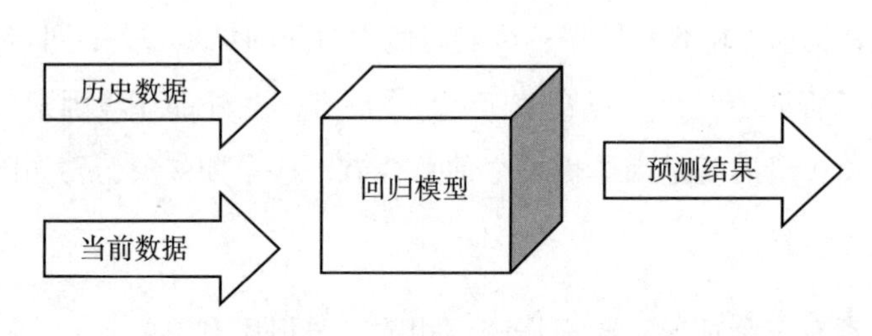

图 3-3　回归模型训练示意图

可以看出，回归模型就是预测的关键，我们通过给模型“喂”数据来训练它，最终让它具备了预测的能力。也许你对“模型”这个词感到陌生又好奇，不知道该在脑海里给它分配一个什么样的形象。而图 3-3 的“模型”是一个大大的四方盒子，塞进数据就能吐出预测结果，像是奇幻故事中巫师手中具有神奇魔力的水晶球。不用着急，“模型”这个词将贯穿我们对机器学习的整个巡礼，就像庆典游行里的花车正等着我们逐一观赏呢。接下来迎面走来的就是第一款模型——线性模型。

3.1.3　线性方程的“直男”本性

也许你对名为“模型”的大盒子充满期待，同时又担心会冒出一大堆数学符号，所以不敢马上掀开一窥究竟。不过，线性模型反倒更像是一个过度包装的大礼盒，大大的盒子打开一看，里面孤零零只有一样东西：线性方程。第一次接触时各种名词很容易把人绕糊涂，不急，我们先把名词之间的关系捋一捋。前面在介绍机器学习的基本原理时，提到“假设函数”这个术语，假设函数是一类函数，所起的作用就是预测，这里的线性方程就是线性回归模型的假设函数。

别看名字挺“高冷”，其实特别简单。“线性”就是“像直线那样”，譬如线性增长就是像直线那样增长。我们知道，直线是最简单的几何图形，而线性方程说直白一点，就是能画出直线的一种方程。如果方程有性格的话，那么线性方程一定就是“直男”的典型代表。

直线方程最大的特点就是“耿直”，由始至终都是直来直去，函数图像如图 3-4 所示。

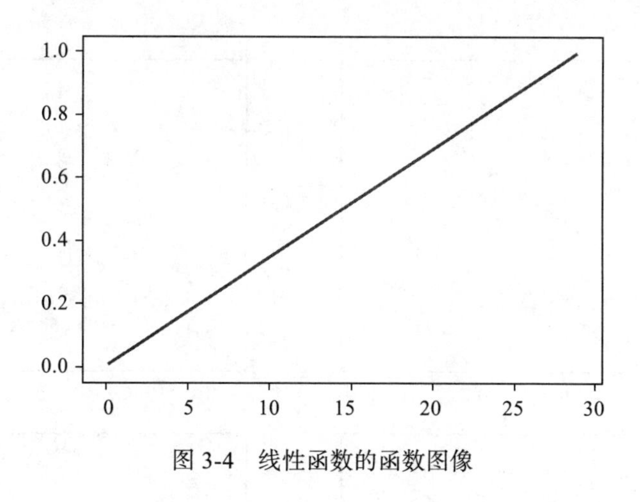

图 3-4　线性函数的函数图像

这样看好像也没什么，但对比一下同样常见的以 2 为底数的对数函数（见图 3-5a）和指数函数（见图 3-5b）就能明显看出，其他函数多多少少都要带一点弧度，这是变化不均匀所导致的。相比之下，直线方程开始是什么样子则始终是什么样子。

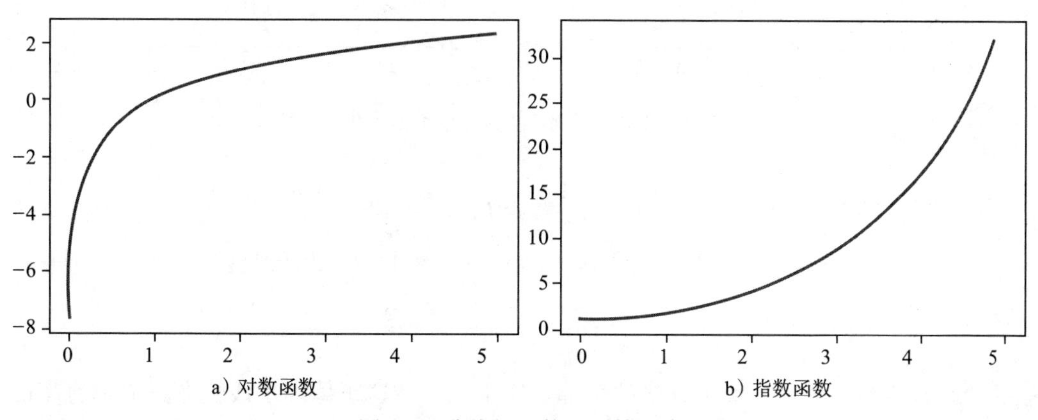

a）对数函数　b）指数函数

图 3-5　非线性函数的函数图像

直线方程通常写作 $y=kx+b$，k 称为斜率，b 称为截距，这两个参数可以看作两枚重要的旋钮，直接控制直线进行“旋转”和“平移”的动作。具体来说，通过调整斜率，可以改变直线的角度。在图3-6的四幅图中，直线均具有相同的截距，黑实线斜率均为2，但右上、左下、右下的三幅图中灰线斜率分别为1、1/2和0，对比黑实线可以看出，通过改变斜率可以使直线出现“旋转”的动作效果。

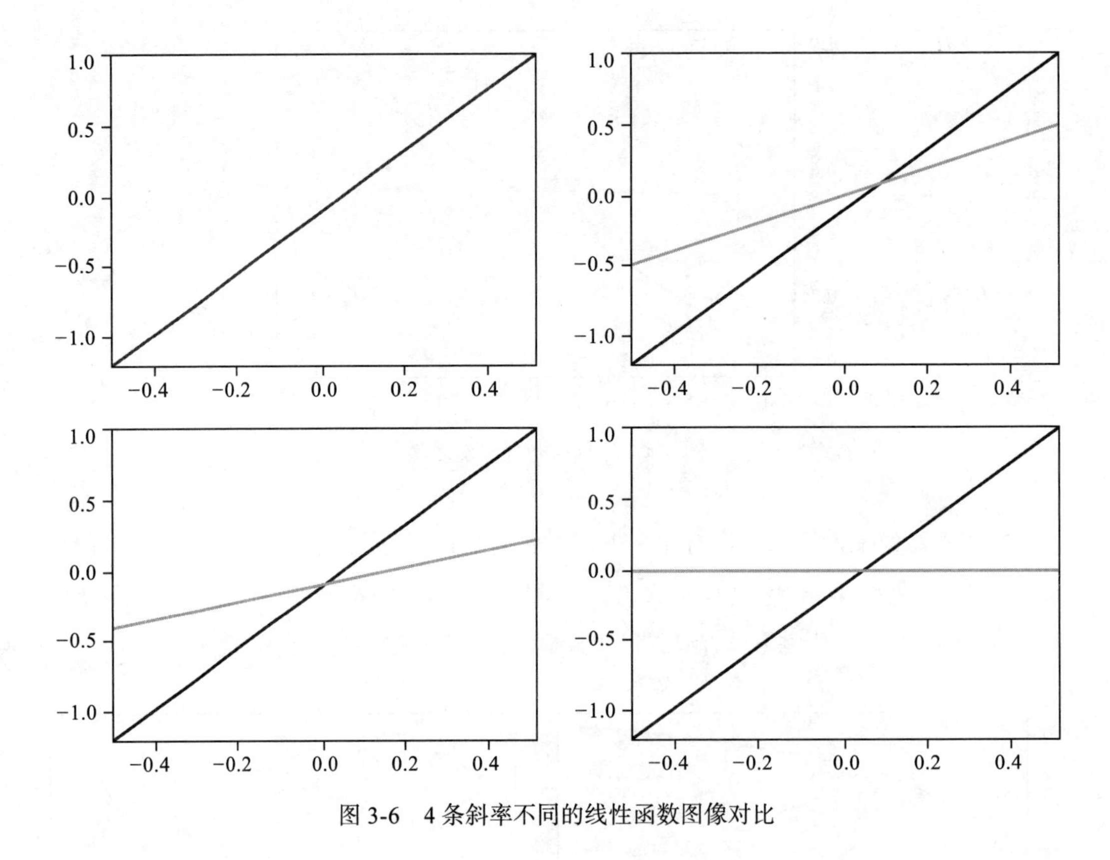

图3-6　4条斜率不同的线性函数图像对比

直线还有另一种调节方法。通过调整截距 b，可以实现直线的上下平移。如图3-7所示，这三条平行的直线具有相同的斜率，但截距相差1，可以看到直线出现了上下平移的动作效果。

“旋转”和“平移”就是直线的全部看家本领了，这正体现了线性方程简单直率的“直男”本性。准确来说，线性方程和直线方程还是存在一点微小差别的。直线是二维平面图形，而线性所在的空间则可能是多维的。不过，无论是在二维平面还是在多维空间，直线所能做的也就是“旋转”和“平移”两套动作，线性模型想要拟合能够调节的参数，主要也就只有这两个。

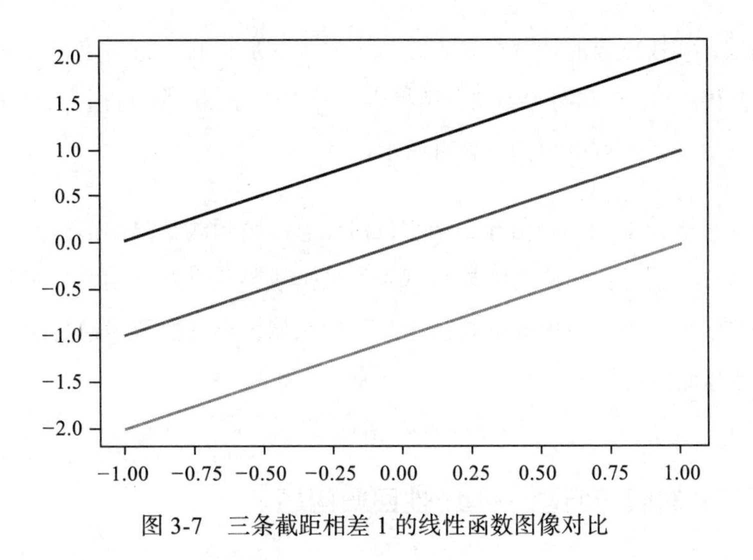

图 3-7 三条截距相差 1 的线性函数图像对比

在机器学习中，斜率 k 通常用字母 w 表示，是权值（weight）的首字母。通过调整 w 和 b 的值就能控制直线在多维空间中进行旋转和平移，扮演的角色很像老式收音机上的旋钮，通过旋转旋钮就可能收听到想要的电台。

这个通过调整权值来达到目的的过程叫作权值调整或者权值更新，对于线性模型而言，学习过程的主要工作就是权值调整，只要旋动旋钮，合理搭配旋转和平移这两套简单的动作，就能完成对输入数据的拟合工作，从而解决回归问题。

关于调整权值的另一种解释

在机器学习中，通过调整权值来完成学习，并最终进行预测的算法很多，这也是一种非常常见的学习手段。对于为什么调整权值能够进行预测，实际上也有多种解释，上面从几何角度给出了解释，此外还有代数角度的解释。

以三个输入维度 A、B、C 来预测 P 为例，我们的线性方程可以写为：

$$F=W_1*A+W_2*B+W_3*C \tag{3-1}$$

假设我们知道 P 的值其实就是与 A 的值有关，与 B、C 毫无关系，那么，怎样调整线性方程才可以根据输入准确预测出 P 的值呢？

我们知道，线性方程的计算结果 F 是三个维度的加权和，想要使 F 与 P 最接近，只需要让线性方程中 B、C 这两个加项对结果影响最小即可。这个好办，只要使这两项的权值最小，也就是 W_2 和 W_3 的值为 0 就可以了。

这就是从代数角度来解释为什么调整权值能够提高预测结果的准确性。这里实际上体现了一种假设，就是待预测的结果与输入的某个或某几个维度相关，而调整权值的目的就是使得与预测结果相关度高的权值越高，确保相关维度的值对最终加权和的贡献越大，反之权值越低，贡献越小。

3.1.4　最简单的回归问题——线性回归问题

前面我们介绍了什么是回归问题，也直观感受了线性方程的“直男”本性，那么在这一节将对为什么模型能进行预测给出一个很直接的回答。当然，学术界对于这个问题的认识还未完全统一，这里选择沿用一种当前最主流的观点。

直到目前为止，我们还不能全面地了解这个世界，但纷繁复杂的现实世界大体还是遵循着某种规律的，我们不妨叫作“神秘方程”。而我们在机器学习领域所做的，就是通过历史数据训练模型，希望能够使我们的模型最大限度地去拟合“神秘方程”——一旦偷看了导演的剧本，还怕有什么剧情不能预测吗？

不过，也许你已经发现，这存在一个问题。

就拿线性模型来说吧，线性模型是用直线方程去拟合数据，但直线可是“钢铁直男”，它的动作也只有两套而已啊！模型的能力是有上限的，能力跟不上，想最大限度地拟合也还是心有余而力不足。

所以，选择模型的关键不在于模型的复杂程度，而在于数据分布。你也许会担心，线性模型简单好懂，这也是它为什么特别适合用来做入门任务，但唯一的问题是它太简单了，现实世界这么复杂，它真的能够解决问题吗？要知道尺有所短，寸有所长，回归问题是一个大类，其中有一类问题叫线性回归问题，遇到这种问题不用线性模型还真就不行。下面，我们就来看看线性回归是怎样完成预测的。

利用线性回归进行预测的极速入门

在线性回归问题里，所要预测的“神秘方程”当然也是线性方程。这类方程存在固有特征，最明显的就是数据集点沿线性分布，所以用线性模型效果最好。也许你不敢相信，这个世界这么复杂，真的有这么简单的“神秘方程”吗？真的有，而且你肯定还见过，一起来回忆一下：

已知小明前年3岁，去年4岁，今年5岁，请问小明明年几岁？

首先这无疑是个预测连续值的问题，明明白白是一个回归问题。回归关注的是几个变量之间的相互变化关系，如果这种关系是线性的，那么这就是一个线性回归问题，适合用线性模型解决。我们按照机器学习的习惯，把已知条件整理成数据集，这是一个三行两列的矩阵：

[[2017，3],
[2018，4],
[2019，5]]

这是一个二维矩阵，如果画出图像，两个维度之间的线性关系就一目了然。这里以年份为X轴、年龄为Y轴将记录的数据画出来，得到3个呈线性排列的数据点（见图3-8a）。把这些点用线段连接起来，就能更清楚地看到这3个点排成了一条直线（见图3-8b）。

这条直线写成线性方程就是$y=x-2014$，即所谓的“假设函数”。线性回归的预测就依赖于这条方程，现在是2019年，我们当然只能知道2019年之前的真实数据，但对于未来也就是小明在2019年之后的年龄，通过这条线性方程即可以预测得到。譬如把“2020”作为x输入，就能计算出对应的y值是“6”，也就得到了2020年小明将是6岁的预测结果。这个例子很简单，但已经完整地展示了线性回归“预测魔力”背后的原理，线性回归的预测魔力还经常被运用在经济和金融等场景，听起来更高端，不过就原理来说，也只是这个简单例子的延伸和拓展。

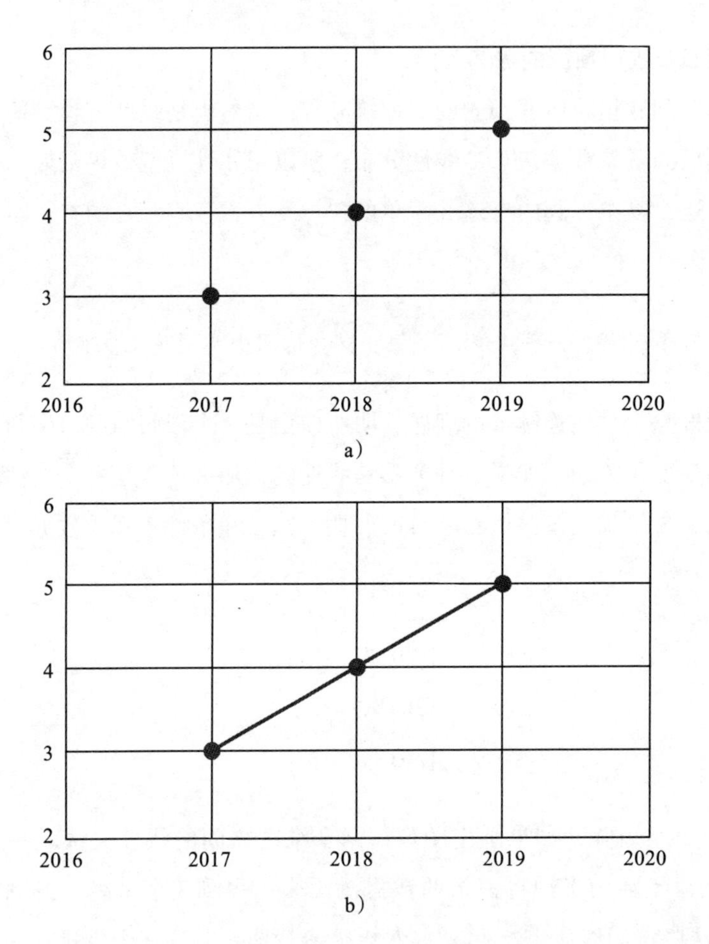

图 3-8　呈线性关系的数据集点分布（a），如果连起来会出现一条直线（b）

3.2　线性回归的算法原理

3.2.1　线性回归算法的基本思路

弄清楚了什么是回归问题、什么是线性回归问题，现在可以请我们的主角线性回归算法登场了。如果将机器学习算法看作一架机器，那么它也与你所见到的其他机器一样，并非一块孤零零的铁疙瘩，也是由各种构件拼装而成，需要你设计一套运行机制，指挥构件如何彼此配合。前面我们已经介绍了线性模型、假设函数这些构件，也知道了最终要预测的线性回归问题是怎样一种问题，那么，这一节我们的任务就是设计一套运行机制，让手头上的这些构件组合成一架精密的学习机器，然后严丝合缝地运转起来，源源不断地“吃”进我们准备的数据，“吐”出对未来的预测结果。

第一次接触这个问题，也许你觉得无从下手。其实很简单，关键就两个字：**拟合**。

对于一个线性回归问题，也就是说，这里的“神秘方程”就是一个线性方程，相应的数据集点也一定是根据线性排布的，那么，我们要做的就是不断调整线性方程的两个旋钮，作出一条能够一一通过这些点的直线，也就是拟合。这个能够拟合数据集点的线性方程，就是我们要找的“神秘方程”。

通过调整直线方程的参数，使得所作直线拟合数据集点，就是线性回归的学习过程。不妨把数据集点看作一颗颗浮在空中的珠子，那么线性回归的学习过程就像是手握一根长长的竹签，通过旋转和平移两种动作不断调整，最终挨个串起这些浮在空中的珠子。

总体思路简单明了，这也是本书所希望首先传递的思路。不过教材“絮絮叨叨”也不是纯粹为了增加考点，从理论设计到具体实现，总是要面临大量而细碎的技术问题，纸面上漂亮的理论想要落地，同样须解决一系列接地气的细节问题。如果不能妥善解决，哪怕问题再小、再不起眼，也将影响算法的真正应用。

对于线性回归模型，接地气的问题是由“不断调整线性方程”这句话开始的。我们知道调整的目的是使得线性方程尽可能拟合数据集点，而调整的方法是通过旋动旋钮来调整权值，但仔细一想就会发现还缺失中间一环：怎样调整权值才能最终达到拟合数据的目标？

这里触及机器学习最核心的概念：在错误中学习。这中间一环需要分两个步骤：首先知道偏离了多少，然后向减少偏差的方向调整权值。这个不断修正的过程就是机器学习中的“学习”，过程有一点像“愤怒的小鸟”里的修正弹道，不仅线性回归是这样“学习”的，后面要介绍的很多机器学习算法，甚至包括现在正大热的深度学习也都是这样学习的。

“在错误中学习”也不只是简单一句话，具体来说需要经过以下两个步骤：

- 偏差度量：想要修正弹道，我们不仅要知道偏了，还要知道偏了多少，找到目标和实际的偏差距离。日常中我们会选择用尺子一类的工具来度量距离，而在机器学习中我们使用“损失函数”，数学家已经为我们准备好了“尺子”，多款数学工具都可用于度量偏差的距离。
- 权值调整：调整权值要解决两个细节问题，即权值是要增加还是减少、增加多少或者减少多少？再一次感谢数学家，这两个问题都可以直接使用现成的数学工具进行解决，机器学习中将这些数学工具称为“优化方法”。

偏差度量和权值调整是两个相互驱动的链条，也是机器学习中负责“学习”的部分。

3.2.2 线性回归算法的数学解析

这一节将要撬开线性回归模型这只小黑盒子，一窥里面滴答作响的各个数学齿轮。也许此刻你会心头一紧，这是自然反应。在许多人眼里，数学就像传说中的一头凶兽，光听名字就能吓得小儿不敢夜啼。数学领域中内容很多，当然无法介绍着机器学习算法就能顺带讲完，不过，数学虽是一个很大很大的工具箱，具体到每款机器学习算法所使用的数学工具却非常有限。弱水三千只取一瓢饮，知道要用什么数学工具则马上现学，这就是本书的“按需学习”的方法。后面介绍机器学习算法的每一章都会设置一节来现学所要用到的数学工具。

前面我们着重介绍了线性回归算法的思路，算法思路和数学的关系就好比乐高玩具的说明图和拼装积木，各种数学函数就像形状各异的乐高积木，需要选取合适的并拼装在一起才能达到预想的目标。我们只需要根据说明图了解最终要拼成什么样子、需要用到什么样的积木部件，然后从数学这只装满各式积木的大箱子里挑选合适的来使用即可。

现在你手上已经捏着一张拼装线性回归模型的说明图，挑选合适的数学函数，就可以拼装想要的线性回归模型了。

1. 假设函数的数学表达式解析

再复杂的乐高积木模型也是从最简单的部分开始拼搭，我们的线性回归模型也一样。前面反复提到线性回归模型是一个过度包装的大礼盒，里面只有孤独又弱小的线性函数，它的数学表达式如下：

$$\hat{y} = \boldsymbol{w}^{\mathrm{T}} x_i + b \tag{3-2}$$

这是一个很友善的式子，如果你没有感受到它的善意，也许只是因为“言语”障碍。数学也是一种语言，只需要把式中的两个不太熟悉的数学符号翻译一下，你就会明白了。

首先是$\hat{y}$，这个符号读作“ y hat”，看着眼生，其实与我们熟悉的y一样，就是一个用来代表方程等号右边的运算结果的数学符号，并没有其他特殊含义。在机器学习里面，所有假设函数都习惯用$\hat{y}$这个符号来代表预测结果。那么，为什么不干脆就写成y呢？原因意外的简单，看完后面对损失函数的介绍就清楚了，这里先卖个关子。

再来看$\boldsymbol{w}^{\mathrm{T}}$，粗体字母$\boldsymbol{w}$的右上角顶个字母 T。第一眼看上去有点像指数函数，实际上这是个线性代数的符号，表示“转置”。如果你对线性代数不太熟悉，也不用着急心慌，“转置”是一种基础的线性代数操作，效果有点像俄罗斯方块里对长条的调整操作，如可以通过转置将行向量变成列向量，也就是把横的变成竖的。如果你依然一头雾水，也不必非要找一本《线性代数》去深究。转置在线性代数中用途广泛，但在机器学习里，看到“ T”这个符号，不妨简单当作“相乘”来理解，将这里的$\boldsymbol{w}^{\mathrm{T}}x_i$，看成是求$\boldsymbol{w}$与$x_i$的乘积。当然，这只是一种便于理解的简化，这里的$\boldsymbol{w}$与$x_i$不是标量（即不是数值），而分别代表着一个$n$维向量，如$\boldsymbol{w}$的具体含义为$\boldsymbol{w} = [w_1, \cdots, w_n]$。向量没有乘积一说，在线性代数中，这种操作被称为求两个向量的内积（Dot Product），内积所得到的结果是一个标量，也就是一个数值。

内积唯一的要求就是维度相同，运算过程十分简单，就是按位相乘然后再求和，都是最简单的四则运算。譬如两个向量 [1,3,5] 和 [2,4,6]，求内积运算过程为：

$$[1,3,5]^{\mathrm{T}}[2,4,6]=1\times 2+3\times 4+5\times 6=2+12+30=44$$

明白了这两个符号的意思，式（3-2）应该就变得“友善”起来了。回忆一下，直线方程的表达式是 $y=kx+b$，与这里的 $\hat{y}=\boldsymbol{w}^{\mathrm{T}}x_i+b$ 比较一下，唯一的不同只在于直线方程的 kx 是两个数值相乘，而线性方程的 $\boldsymbol{w}^{\mathrm{T}}x_i$ 则是两个向量“相乘”，形式非常相近，简直可以说是向量版的直线方程。其实这也很好理解，无论是直线方程还是线性方程，都是与直线密切相关，区别只在于直线方程是对直线在二维平面上的刻画，而线性方程则是直线在多维空间上的刻画，自然维度要更多。

线性回归模型是用线性方程进行预测。按前面的约定，我们把机器学习模型的假设函数用符号 H 来表示，线性回归的假设函数就是线性函数，可以写成如下形式：

$$H(x)=\boldsymbol{w}^{\mathrm{T}}x_i+b \tag{3-3}$$

这样回归模型中最重要的预测部件就已经拼装好了。给预测函数输入数据，也就是给式中的 x 赋值，预测函数经过计算后就能够返回一个结果，这就是预测值 $\hat{y}$。

2. 损失函数的数学表达式解析

现在我们将数据输入假设函数 H 就可以得到对应的预测值 $\hat{y}$，当然，这个预测值还很不准确，与真实值存在偏差。要提高模型预测的准确性，首先就是要度量偏差，然后再减少偏差。机器学习中使用损失函数 L 作为度量偏差的工具。

偏差是预测值和真实值之间的比较差距，那么作为度量偏差的工具，损失函数应该至少包含两个内容，一个当然是预测值 $\hat{y}$，另一个则应该是真实值，在机器学习中通常用符号 y 来表示。既然真实值已经占用了字母 y，为了区别二者，同时也为了表示二者存在密切关系，因此这才选择了 $\hat{y}$ 作为预测值的符号，这就是假设函数为什么非要给 y 加顶“帽子”的原因。

接下来的问题就是怎样用数学式来表示 $\hat{y}$ 与 y 的偏差。最简单的做法当属直接相减，用二者的差值做偏差。不过前面我们一直强调，线性回归实际上是用直线进行拟合，现在出现偏差，也就是线性方程作出来的直线和实际的点存在距离，应该使用更有几何意义的“距离”来度量。因此，线性回归的损失函数选择使用 L2 范数来度量偏差，数学表达式如下：

$$L(x)=\|\hat{y}-y\|_2^2 \tag{3-4}$$

又是一条友善的式子。首先是“‖ ‖”，看起来有点像绝对值符号的兄弟，它也确实与绝对值符号有一点渊源，它的正式名称为“范数正则化”，但也许这个名字实在太长了，习惯上简称为“范数”或“正则化”，意思都是完全一样的，这里我们简称为“范数”。

范数符号一般不单飞，通常与一个由阿拉伯数字表示的下标一同出现，“$\|\ \|_n$”才是它的完全体，意思也好懂，阿拉伯数字是 n 就表示 Ln 范数。这里下标是 2，表示 L2 范数正则化，同理，如果下标是 1，则是 L1 范数正则化。

范数在机器学习颇有“流量”，教材或者论文中经常见到诸如“范数”“正则化”这样的术语，或者在表达式里看到“四道杠”，具体我们会在下一章专门介绍，这里只需要记住线性回归的损失函数选择的是 L2 范数。这是因为在欧几里得空间，也就是最常接触的几何空间中，L2 范数表示的是欧几里得距离（Euclidean Distance，又可简称为欧式距离），名字挺吓人的，其实就是小学三年级数学求的两点之间的连线长度。

也就是说，线性回归算法计算预测偏差的方法其实非常直接，就是看预测值点与实际值点之间相差的直线距离。而且还有更简单的，我们看到 L2 范数包含有根号，为了方便计算，损失函数直接在外面加了个平方，这就与根号抵消了。当然，这个操作会对计算结果进行同步放大，因此，加了平方之后，原本误差小的，相比之下仍然误差小；原本误差大的，相比之小差值就更大了，而不会产生原本误差小变成了误差大这样的错误影响。

3. 优化方法的数学表达

机器学习算法使用损失函数的最终目的，是为了使用优化方法将偏差减到最小。优化方法通常使用梯度下降等现成算法，具体实现颇为复杂，但要用数学符号把意思表达出来却十分简单。无非就是说清楚两个要素，一个是损失函数，另一个是最小化。损失函数前面已经有现成的了，只要套一个最小化符号就大功告成：

$$\min_{w,b}\|\hat{y}-y\|_2^2 \tag{3-5}$$

一眼就能看出，优化方法的表达式就是损失函数加上符号 $\min\limits_{w,b}$。“min”符号十分常见，即“求得最小”的意思，在各种编程语言中也常常可以见到同名函数。不过，这个 min 还挂了两个字母“$\boldsymbol{w}$”和“b”。$\boldsymbol{w}$ 和 b 不正是线性方程的两个表示斜率和截距的参数吗？这其实说的就是求得最小的方法：通过调节参数 $\boldsymbol{w}$ 和 b，使得损失函数的表达式 $\|\hat{y}-y\|_2^2$ 求得最小值。调节的方法很简单，如 $\boldsymbol{w}$ 的调节方法通常为：

$$\boldsymbol{w}_{新}=\boldsymbol{w}_{旧}-学习率*损失值 \tag{3-6}$$

通过梯度下降等优化方法求得最小值时，损失值通过损失函数对 $\boldsymbol{w}$ 求偏导计算求得，这个偏导也称为梯度，通过损失值来调节 $\boldsymbol{w}$，不断缩小损失值直到最小，这也正是梯度下降的得名来由。学习率是一个由外部输入的参数，被称为“超参数”，可以形象地理解为 $\boldsymbol{w}$ 通过这一次错误学到多少，想要 $\boldsymbol{w}$ 多调整一点，就把学习率调高一点。不过学习率也不是越高越好，过高的学习率可能导致调整幅度过大，错过了最佳收敛点，也就导致无法求得真正的最小值。

4. 范数

前面在介绍线性回归时，我们介绍了 L2 范数，还介绍了范数是机器学习里的“流量小生”，用线性方法解决回归问题也有它的一席之地。范数的种类不少，不过机器学习中最常用的就是 L1 和 L2 范数，定义如下。

L1 范数（Lasso Regression）用的都是小学的算术知识，表示向量中每个元素绝对值的和。根据定义，L1 范数的计算分两步，首先逐个求得元素的绝对值，然后相加求和即可。为了方便查阅，这里给出 L1 范数正则化定义的数学表达式，并不要求记住：

$$\|x\|_1 = \sum_{i=1}^{n} |x_i| \tag{3-7}$$

L2 范数（Ridge Regression）出现的频率更高，表示向量中每个元素的平方和的平方根。根据定义，L2 范数的计算分三步，首先逐个求得元素的平方，然后相加求和，最后求和的平方根。L2 范数正则化定义的数学表达式如下，再次强调只是为了方便查阅，并不要求记住：

$$\|x\|_2 = \sqrt{\sum_{i=1}^{n} x_i^2} \tag{3-8}$$

由于 L2 范数很常用，所以在部分文献中觉得再加个“2”简直画蛇添足，于是出现了“四道杠”单飞的情况，即只有光秃秃的范数符号，而不带任何阿拉伯数字下标，这种即为默认表示方法，指的仍是 L2 范数。后面我们还将接触到一些数学符号的默认写法。

当然，除了常用 L1 和 L2 范数，还有其他 Ln 范数，譬如 L0 范数指向量中非 0 元素的个数。总之，在机器学习中，最常用的范数为 L1 范数和 L2 范数，只要知道这两个范数的含义就可以“走遍天下都不怕了”。

3.2.3 线性回归算法的具体步骤

前面讲了很多概念和数学式，也许看到这里，你的脑子已经乱成一团。不要紧，在软件工程中，一个好用的方法是把算法和函数当作黑盒，只关注黑盒外部的输入和输出接口，这有助于快速把握算法和函数的作用。那么，在进入线性回归算法的黑盒内部之前，我们先把外部接口捋一捋。

线性回归算法可用于解决预测问题，输入的是多维的样本数据集点，每个数据集点包括信息维度和结果值部分。结果值是待预测对象的历史情况，如在小明年龄预测问题中，信息维度部分就是年份，结果值部分就是不同年份所对应的年龄，输出则是一个连续的数值。具体如表 3-2 所示。

表 3-2　线性回归算法信息表

算法名称	线性回归	
问题域	有监督学习的回归问题	
输入	向量 $\boldsymbol{X}$，向量 $\boldsymbol{Y}$	向量 $\boldsymbol{X}$ 的含义：样本的多维特征的值 向量 $\boldsymbol{Y}$ 的含义：对应的结果数值
输出	预测模型，为线性函数	模型用法：输入待预测的向量 $\boldsymbol{X}$，输出预测结果向量 $\boldsymbol{Y}$

现在，我们打开这个黑盒，看看里面都装了什么。线性回归问题看起来有点复杂，似乎有很多概念，但具体步骤可以总结成“三板斧”，也即遇到线性回归问题，只需要分三步就可解决。

第一步，为假设函数设定参数 $\boldsymbol{w}$，通过假设函数画出一条直线，即根据输入的点通过线性计算得到预测值。

第二步，将预测值带入损失函数，计算出一个损失值。

第三步，通过得到的损失值，利用梯度下降等凸优化方法，不断调整假设函数的参数 $\boldsymbol{w}$，使得损失值最小。这个不断调整参数 $\boldsymbol{w}$ 使得损失值最小化的过程就是线性回归的学习过程，通常称为训练模型。

3.3　在 Python 中使用线性回归算法

在第 2 章我们说过，Scikit-Learn 是基于 Python 编程语言的机器学习工具库，它的名气很大，因为它不但种类齐全、功能强大，而且分门别类、逻辑清楚。Scikit-Learn 涵盖了主流的机器学习算法，对于本书所涉及的机器学习算法它都提供了封装良好的 API 以供直接调用，而且根据不同的模型进一步细分了算法族。这里我们先统一介绍常用的几个库：

- linear_model，线性模型算法族库，本章所涉及的线性回归算法，下一章所涉及的 Logistic 回归算法都是基于线性模型，因此都在该库内，具体情况我们留到下一章介绍。

- neighbors，最近邻算法族库，第 5 章所涉及的 KNN 在该库中。
- naive_bayes，朴素贝叶斯模型算法族库，第 6 章所涉及的朴素贝叶斯算法在该库中。
- tree，决策树模型算法族库，第 7 章所涉及的决策树算法在该库中。
- svm，支持向量机模型算法族库，第 8 章所涉及的支持向量机算法在该库中。
- neural_network，神经网络模型算法族库，第 10 章所涉及的神经网络算法在该库中。

Scikit-Learn 对各类机器学习算法进行了良好封装，对于不同的模型算法，都只需要经过类似的简单三步就可以进行预测。这里我们就以线性回归算法来统一进行解释说明。

```
# 从 Scikit-Learn 库导入线性模型中的线性回归算法
from sklearn import linear_model

# 训练线性回归模型
model = linear_model.LinearRegression()
model.fit(x, y)

# 进行预测
model.predict(x_)
```

上述代码就是一个通过 Scikit-Learn 库调用线性回归算法的完整过程，Scikit-Learn 已经对算法细节进行了高度封装，因此整个调用过程非常简洁易懂，在导入线性模型算法后，只需要利用 fit 方法为模型传入训练数据，完成模型的训练工作，就可以直接使用模型的 predict 方法，通过传入待预测的数据进行结果预测。

不过，只要稍微观察一下代码，就会发现这段代码并不能正常运行起来。这段代码想要展示的是，通过 Scikit-Learn 调用线性回归算法非常简单，但我们已经知道，要一个线性回归模型正常运转起来，光有核心算法是远远不够的。要时刻记住，机器学习的算法，包括本章介绍的线性回归算法，只是处理数据的方法，巧妇难为无米之炊，要让机器学习模型真正发挥作用，另一个关键是数据。

上述这段代码无法正常运行，因为其中包含的“x”、“y”和“x_”，从编程的角度看，属于未定义变量，而从模型的角度看，正是需要外部向机器学习算法提供的数据。我们已经说过，数据处理在整个回归分析工作中占的比重最大。现实环境中数据集的收集、清洗可以至少再写一本书，本书主要讨论算法，这里就只动手生成一个简单的数据集。

```
# 导入所需库
import matplotlib.pyplot as plt
import numpy as np

# 生成数据集
x = np.linspace(-3, 3, 30)
y = 2*x + 1

# 数据集绘图
plt.scatter(x, y)
plt.show()
```

这里我们的目标是通过 y=2x+1 函数生成一个由30个元素组成的二维数据集。Numpy的linspace函数可以返回间隔均匀的数值，这里设置的数值区间在 −3 至 3 之间，个数为30，这就是自变量 x 序列，类型为ndarray。对应的，通过 2x+1，我们得到了因变量 y。

该数据集在坐标轴的图像如图3-9所示。

显然，这些数据呈线性排列，如果我们并不知道数据集点之间满足 y=2x+1 的关系，就可以选择通过线性回归的方法学习得到。

不过，如果直接将上述x和y传入模型，代码会提示数据维度错误，这是因为Scikit-Learn中线性回归算法的fit方法需要传入的x和y是两组矩阵，每一行为同一样本的信息，具体格式为：

```
x: [[样本1], [样本2], [样本3], …, [样本n]]
```

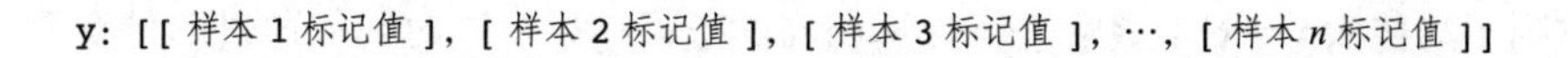
y: [[样本 1 标记值], [样本 2 标记值], [样本 3 标记值], …, [样本 *n* 标记值]]

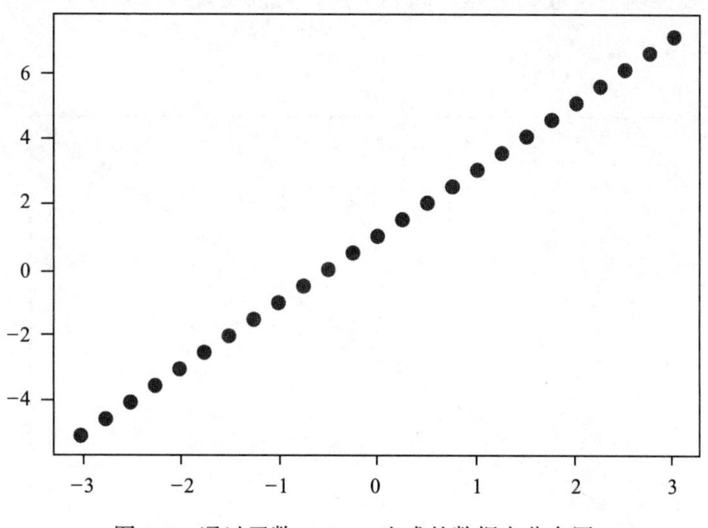

图 3-9 通过函数 $y=2x+1$ 生成的数据点分布图

要把序列变成矩阵有多种处理方法，这里提供其中一种实现思路，即通过 Python 语言的 List 可以利用 for 的特性：

```
x= [[i] for i in x]
y= [[i] for i in y]
```

这样，x 和 y 的格式正确，每个样本信息都单独作为矩阵的一行，再将 x 和 y 传入 fit，数据信息就可以被正确识别，从而开始训练模型。

为了检验训练的结果，还需要提供一组测试用的 x_。这里我们只测试两组：

```
x_=[[1], [2]]
```

最后利用 predict 方法完成预测，返回的是一个类型同样为 ndarray 的序列，预测结果如下：

```
array([[3.], [5.]])
```

确实得到了与传入 $y=2x+1$ 函数进行计算相同的正确结果。这时我们通过图像查看一下学习得到的线性函数与数据集点之间的关系，可以发现线性函数正确地串了一串“糖葫芦”，如图 3-10 所示。

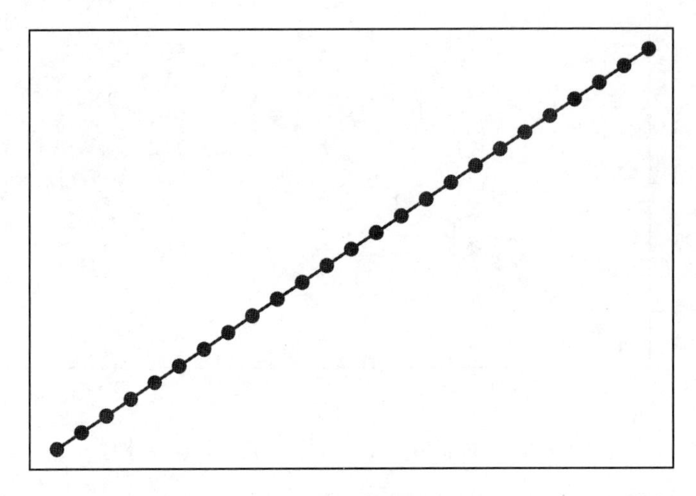

图 3-10　通过线性回归得到的线性函数图像正好“串起”数据集点

我们还可以通过 model.coef_ 和 model.intercept_ 来查看这时的法向量 $\boldsymbol{w}$ 和截距 b 的具体赋值，分别为 [[2.]] 和 [1.]。线性回归算法确实正确地学习到了目标函数 $y=2x+1$ 的相关参数。

上述例子即已经是在 Python 中使用线性回归模型的一次完整过程，模型的学习结果也让人相当满意。

不过，我们也多次提到，现实中总是要复杂一些。通过现实环境中收集得到的数据，总是存在着这样或那样的随机扰动。我们对上面的数据集生成代码稍加改动，以模拟这个过程：

```
x= x+np.random.rand(30)
```

这段代码利用 Numpy 库的 random.rand 函数，随机生成了 0 到 1 之间的扰动，这时的数据集图像就变得杂乱无章了（见图 3-11）。

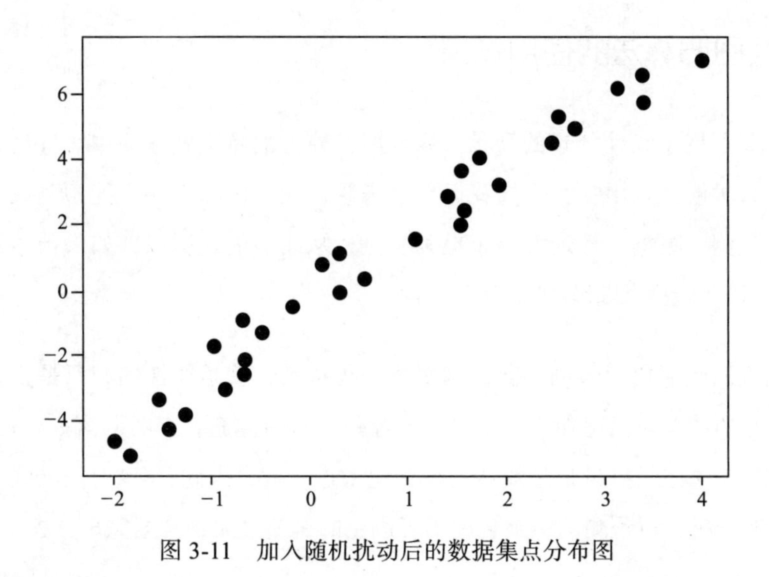

图 3-11　加入随机扰动后的数据集点分布图

用同样的方法，我们可以通过回归分析算法学习得到线性函数（见图 3-12）。

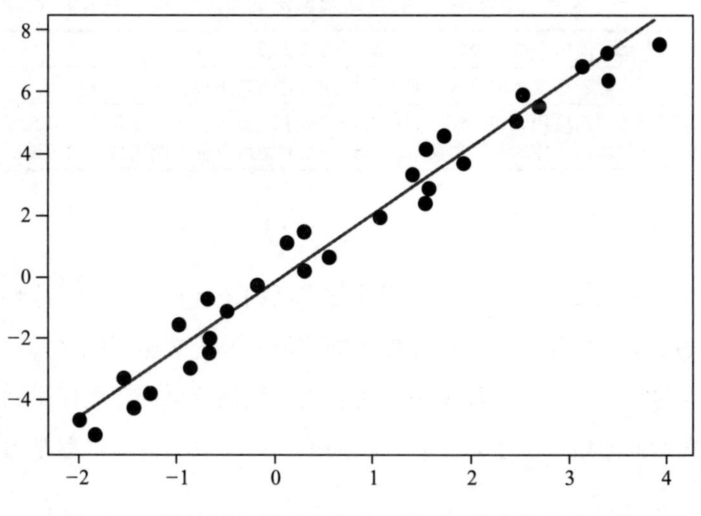

图 3-12　线性回归模型在扰动“学到”的线性函数图像

我们同样可以通过 model.coef_ 和 model.intercept_ 来查看这时的法向量 $\boldsymbol{w}$ 和截距 b 的具体赋值，分别为 [[1.93014033]] 和 [0.01972149]。可以看出，加入随机扰动后，线性回归模型对法向量 $\boldsymbol{w}$ 的学习还是比较准确的，但对于截距项就出现了较大影响。

3.4　线性回归算法的使用场景

线性回归适用于线性分布的场景。线性回归模型的特点就是简单、好用。简单自不必说，那什么时候会好用呢？不如我们反过来想，线性回归为什么能预测成功？那是因为能够成功预测的数据，其现实分布也确实是依从线性的。所以，如果预估数据循线性分布，线性回归模型将是最好的选择。

至于线性回归的使用限制，前面其实也一再提及，就是线性回归只是正确处理了数据呈线性分布的情况。但正如人生总是跌宕起伏，有时潮起，有时潮落。在现实环境中，要求影响因素与关注结果只是呈线性关系未免太过严苛，因此，“耿直”的线性回归只能用直线做粗略分析，所预测的结果也就不可避免的偏差过大，甚至完全失去了参考意义。

线性回归的特点总结见表3-3。

表3-3　线性回归算法的特点

优点	线性模型形式简单，可解释性强，容易理解和实现
缺点	线性模型不能表达复杂的模式，对于非线性问题表现不佳
应用领域	线性回归适用的应用领域很广，包括金融领域和气象预报，特别适用于对能够用线性关系进行描述的问题领域，线性回归实现简单，遇到回归问题可以首先使用线性回归试试

算法使用案例

线性回归是一种历史非常悠久、应用非常广泛的统计模型，虽然线性回归感觉上是一个原理简单的“老”模型，但现在相当多的前沿研究仍然基于线性模型，特别是在经济金融领域，通过线性回归模型能够更直观、更清楚地看出待预测变量和相关参数的关联关系。最经典的问题就是波士顿房价预测问题，已经成为许多机器学习课程介绍线性回归模型的实际用例。

CHAPTER 4

第4章

Logistic 回归分类算法

机器学习中有监督学习包含两大问题分支，前面介绍了一大问题分支——回归问题，从本章开始，我们介绍另一大问题分支——分类问题。分类问题是当前机器学习的研究热点，也是机器学习在工业界的重点应用方向，所以对应的经典模型也有多款，我们将在接下来的章节中逐一介绍。

关于机器学习有一个有趣的现象，就是机器学习模型对“技多不压身”的喜好，经常出现同一款模型既可用于解决回归问题，又可用于解决分类问题的情况，有时候还“跨界”，将无监督学习的聚类问题也一并解决了。上一章介绍了用线性模型解决回归问题，本章作为分类问题的开篇，我们仍然从最简单、最常用的机器学习模型——线性模型出发，介绍如何使用线性模型搭配 Logistic 函数来解决分类问题。

4.1 Logistic 回归：换上“S 型曲线马甲”的线性回归

在上一章，我们了解了基于线性模型的线性回归算法，知道它能解决回归问题。回归问题是有监督学习所要解决的两大主要问题之一，而本章将要介绍的则是两大主要问题之二——分类问题。

分类问题听着很普通，但对于机器学习来说，分类问题是一类非常重要的问题——

各种机器学习算法看似精彩纷呈，其中有相当大的一部分实际上都是围绕这一问题所设计的。对于为什么分类问题会如此重要，后面我们将详细解释。

上一章我们花了很大篇幅讨论线性回归算法，知道其核心是线性模型，主要思想是通过调整参数，使得所作直线尽可能拟合各个数据集点。而在本章介绍 Logistic 回归算法时，“老朋友”线性模型将再次披挂上阵，但要面对的却是分类问题。见到熟悉的老朋友心里自然美滋滋的，这意味着不用另外学习新模型。不过，敏锐的你也许已经发现，这里面存在着矛盾。

我们知道，回归问题的预测值是连续的，而分类问题的预测值是非连续的，或者称为是离散的。我们还知道，线性模型的一大特点就是“耿直”，是一条纯纯粹粹、不肯走弯路的直线。直线是连续的，所以能被用于回归问题，可又怎么用来解决离散的分类问题呢？

当机器学习理论被现实所限制时，我们看到的往往不是机器学习算法乖乖认输离场，而是迎难而上，甚至老树开新花。当线性模型遇到分类问题就是如此，突然迸发出旺盛的求生欲，一下突破了这条看似不可逾越的理论鸿沟：既然你要的是离散，而我手里又只有直线，那么把你的离散掰直成直线不就妥了吗？

这么说也许听起来很厉害，但总感觉不太直观，画个图就好多了。离散数据总带着“阶跃”这么一种特征，所谓阶跃，顾名思义就是像台阶一样猛地一下蹦上去，样子有点像大写的字母“S”，画成图像类似于图 4-1a，而直图线（见 4-1b）我们就见得多了。

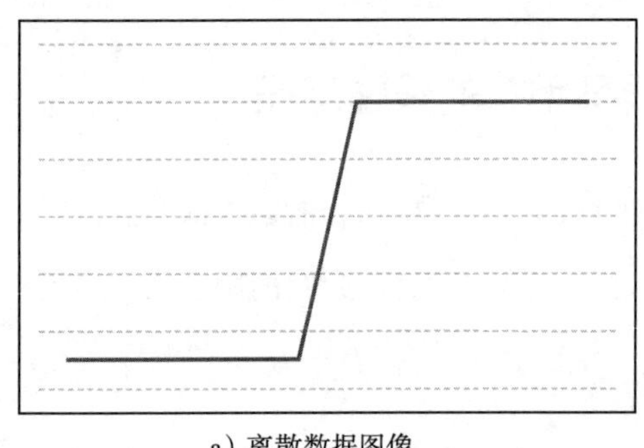

a）离散数据图像

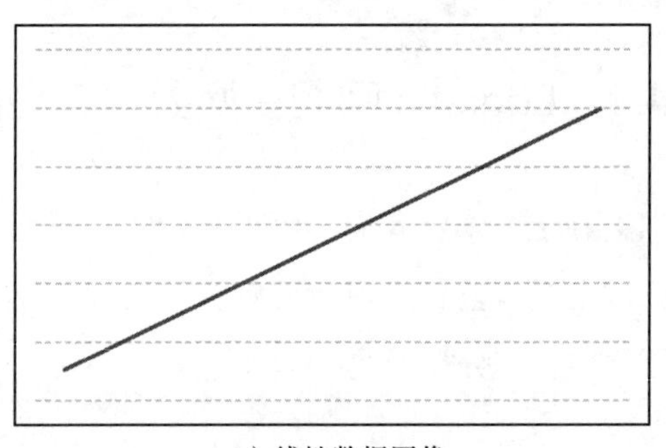

b）线性数据图像

图 4-1　离散数据和线性数据的图像

线性模型所面临的情况说来也简单，就是怎样把图 4-1a 中 a 图变成 b 图。现在唯一的问题就是：真的有这种化腐朽为神奇的办法吗？还真有。这就是 Logistic 函数，一款身材很好的函数。线性模型披上了 Logistic 函数这件“马甲”，从前的“钢铁直男”摇身一变就有了 S 型曲线。

本章重要的知识点如下，请多加关注：

- 分类问题
- Logistic 函数

4.1.1 分类问题：选择困难症患者的自我救赎

前面我们反复提到，分类问题是有监督学习乃至机器学习的一类非常重要的问题，有多重要呢？不妨形象地描述一下，当前有监督学习是机器学习领域研究和应用的主流方向，而分类问题则是有监督学习所要解决的主要问题，可谓主流中的主流，当下大部分知名的机器学习算法都是针对分类问题设计的。也正因如此，本书所精心挑选的经典机器学习算法有一大半都是尝试从不同的角度解决分类问题。

你也许特别好奇：为什么分类问题会如此重要，它有什么特别的呢？

这就要从什么是分类问题说起。如果此前没有接触过机器学习，那么你对“分类”一词的印象很可能源自垃圾桶——垃圾分类确实就是分类问题的一种现成样例。分类问题与回归问题一样，都属于有监督学习，也就是满足两个要素：一是要进行预测，二是有参考答案，并分为三个阶段。

首先分类问题会确定有哪些类别，也就是类别是预先设定的；然后在模型训练阶段，输入的训练集样本每一条都包含了类别信息，也就是告诉你什么样的样本属于哪一类（见图 4-2）。

最后就是进行预测，这也是研究分类问题的最终目的，给定一条样本让模型自动判断究竟属于哪一类，并输出最终的分类结果（见图 4-3）。

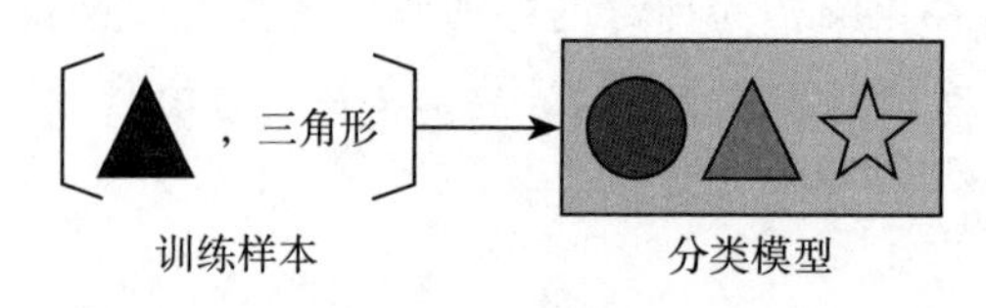

图 4-2 用标记数据训练分类模型

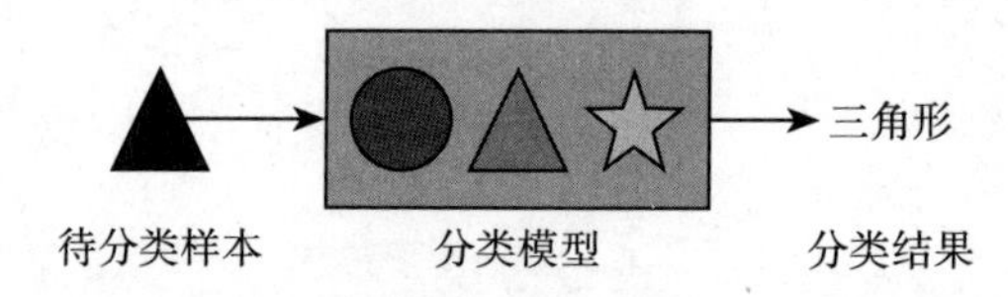

图 4-3 用分类模型完成待分类样本的分类预测

不妨以分类问题的视角看看垃圾分类。垃圾桶一般会预先设置“可回收”和“不可回收”两个投入口，这就是两种预设类别，然后通过各种环保宣传告诉大家哪些垃圾属于可回收，哪些属于不可回收，这就是模型训练的过程。当我们最终开始投放垃圾时，都需要对当前的垃圾进行一次判断，看看究竟符合哪一种分类，然后放到对应的投放口，这就是根据模型训练的结果进行预测的整个过程。

在介绍回归问题时我们说过，回归问题和分类问题同为预测问题，区别二者可以看预测结果，分类问题的预测结果不是连续的，而是离散的。那么，为什么分类问题的预测结果是离散的呢？

从上面对分类问题的目的描述其实已经可以看出端倪。分类问题所要预测的不是数值，而是两个或两个以上的类别，机器学习算法所要完成的是预测输入属于哪个类别。学术上对分类问题做了更为细致的区别，如果待分类别只有两个，通常称之为二元分类（Binary Classification）问题，在机器学习中较多使用 Logistic 函数来解决。而若待分类别超过两个，则称之为多分类（Multi-class Classification）问题，在机器学习中较多使用 Softmax 函数来解决。

回答了什么是分类问题，就可以回答为什么分类问题这么重要了：因为现实中的很多问题都可以用分类问题这套框架来描述。机器学习是一门应用科学，既然很多应用问题都可以转化成分类问题，需求量如此庞大，其地位自然也就变得重要，相应的解决算法也就越来越多。

举一个例子，现在“刷脸”功能已经随处可见，这种脸部识别功能就可以转化为分类问题。我们把所有注册用户都当成一种独立的类别，那么识别功能要做的就是根据你的特征输入进行一次“分类”，看看你究竟是不是注册用户，以及是哪位注册用户。

不仅如此，位列都市困难症榜首的选择困难症同样可以用分类问题这套框架来描述。回想一下，从你早上听到闹钟响，你就开始在“起床”“多赖一会儿”之间选择，接着你会在一天之中面临大大小小数不清的选择，哪怕是到了一天就快要结束的时候，你心里总还想干点什么，于是又得在“关灯睡觉”和“再玩会儿”之间选择。这些大大小小的待选项其实都可看成是一种类别，只要根据分类问题的处理模式，训练好模型之后，把当前情况作为输入，不就可以预测出该作哪一类选择了？

分类问题的广泛适用是不是有点出乎意料？然而，“分类”也许比你所认为的还要广泛。在我们的直觉印象中，也许“是狗”和“是猫”才能叫分类，但在机器学习中，“是狗”和“不是狗”也能归结为两种类别，这种“是”和“否”的逻辑性区分就是一种二元分类问题。

利用这种方法，机器学习就能跳出实物类别的限制，把逻辑性区分当作一种类别，进而用分类问题加以分析解决。譬如说对于“现在是不是该睡觉了”，可能的选项用语言描述可能五花八门，包括“该睡觉了”和“还没到睡觉的时候”，但对语义进行抽象，都可以划入“是”类或者“否”类。“是”类和“否”类在机器学习中非常常见，也非常重要，因此，机器学习专门规定了术语，将“是”类称为“正类”（Positive），而将“否”类称为“负类”（Negative），与之对应的训练集中也可划分成“正样本”和“负样本”。

通过这个视角，就可以把二元分类问题和多分类问题统一起来，将多分类看成由很多个二元分类组成的分类问题，形成数据结构中的二叉搜索树。现在的垃圾分类逐渐也出现了多分类趋势，譬如分成厨余垃圾、可回收垃圾、有害垃圾等，那么用二元分类的方法，首先可以进行一次是不是厨余垃圾的分类，不是厨余垃圾的这类也就是负类，并对其继续进行一次是不是可回收垃圾的分类，沿着这套框架不断进行下去，多分类问题也就可以用二元分类问题解决，这也是许多针对二元分类问题设计的算法泛用到多分类问题领域的一种主要方式。因此，二元分类问题也就成为最基础的分类问题。或许此刻有人问：为什么最基础的分类问题不是一元分类？一元分类也就是只有一个类，那么当然所有对象都该划归这个唯一的类，这也就不存在什么分类问题了。

4.1.2 Logistic 函数介绍

线性模型能够预测离散的分类问题的秘密全部藏在 Logistic 函数里面。Logistic 函数由统计学家皮埃尔·弗朗索瓦·韦吕勒发明于 19 世纪，它有很多名字，如在神经网络算法中称它为 Sigmoid 函数，也有人称它为 Logistic 曲线，总的来说，它是一个“身材”很好的函数。Logistic 函数的最大特征就是它天生就拥有许多人梦寐以求的目标——亮眼的 S 型曲线，函数图像如图 4-4 所示。

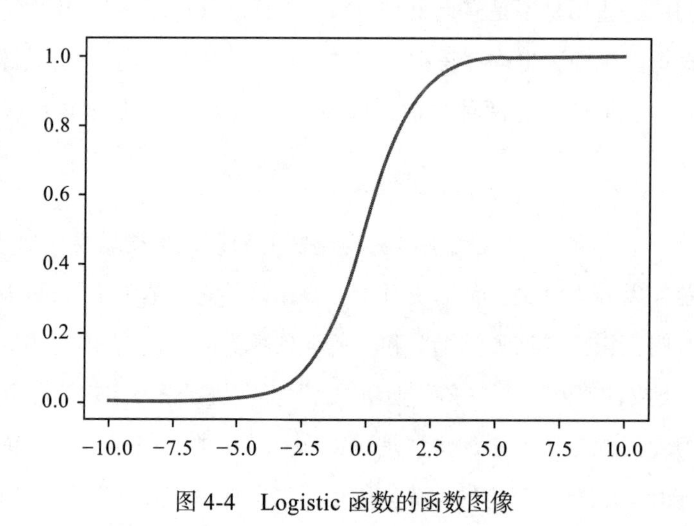

图 4-4 Logistic 函数的函数图像

接下来是不是应该讲一讲 Logistic 函数的解析式了？传统上是，但这里不是。函数图像九曲十八弯，函数式子一定不简单，然而，不好理解并不意味着最重要的。对于 Logistic 回归来说，最重要的不是 Logistic 函数长什么样子，而是为什么要有 Logistic 函数，在线性模型输出离散结果的过程中它又扮演了怎样的角色呢？

1. 能断是非的阶跃函数

这还得从“阶跃”说起。前面我们讨论分类问题时提到分类问题的预测结果是离散的，会出现阶跃现象。“阶跃”这个术语特别形象，图像最开始也是一条平淡无奇的直线，但到了某一个点，譬如说在横坐标“0”的位置，图像突然变化了，来了一个垂直上跃，好像一条受惊了的眼镜蛇猛地昂起了头，接着又若无其事地继续沿着直线往前走。

既然线性回归是根据拟合数据实现预测，我们自然也希望找到一款函数能够拟合出现阶跃现象的这些数据，照理也就能实现对分类问题的预测了。问题是真有这样的函数吗？数学家们还真就为阶跃现象专门设计了一款函数——阶跃函数（Step Function，又称Heaviside Function）。阶跃函数的函数图像如图 4-5 所示。

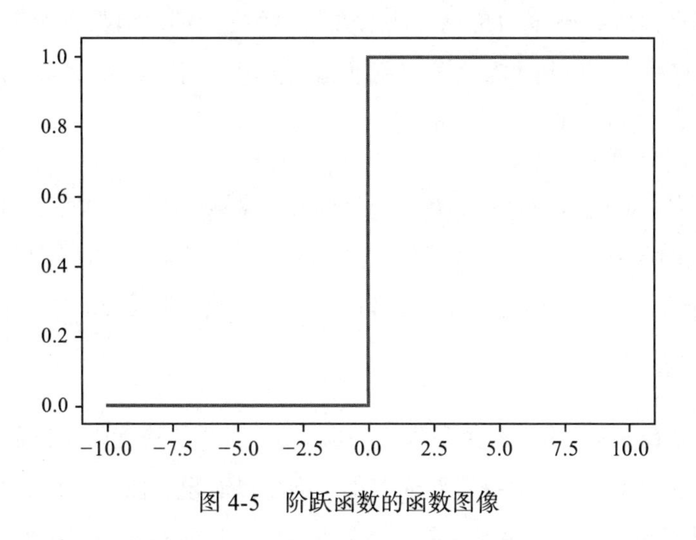

图 4-5 阶跃函数的函数图像

对于工程应用，阶跃函数的这种性质具有特别高的实用价值，譬如可以起到“开关”的作用。对，就是随处可见、一拨动就发出“吧嗒”脆响的开关，因此常见于信号系统分析。说到“开关”，马上可以想到这就是二元分类问题的一种典型实例，于是，阶跃函数与机器学习似乎开始有了交集。

可惜也就到此为止了，阶跃函数无法直接用于机器学习。不难看出，Logistic 函数和标准阶跃函数还是存在着明显的不同。阶跃函数的线条显然非常硬朗，垂角位置全都是硬邦邦的直角，这样的函数是不可导的。更糟糕的是，实际上阶跃函数的准确图像应该是两条直线加一个点：当 $x<0$ 时，图像始终是某个值，当 $x>0$ 时，图像又始终是某个值，而当 $x=0$ 时，函数的值只能为一个确数，比如 0。阶跃函数内部包含不连续的点，因此也称为奇异函数。阶跃函数的图像是不连续的，不连续的函数同样不可导。但在机器学习中，可导性非常重要，否则就无法搭配使用梯度下降等优化算法，使得偏差最小了。

2. 可导的阶跃函数

阶跃和可导无论怎么看都不合拍，原生的阶跃函数是没法直接用了，世上真的存在一款函数能满足这两种自相冲突的要求吗？

Logistic 函数就正是这样的一款函数。它是一种可导函数，又是一种阶跃函数，或者说能够扮演类似阶跃函数的角色。从上文给出的 Logistic 函数图像不难看出，它最开始也是一条直线，然后到了某个位置猛然抬头上升，后面继续变成一条直线。因此，Logistic 函数也能起到“开关”的功能。

那我们就很好奇了，Logistic 函数是怎样同时满足这两种冲突要求的呢？秘密就在于缩放。对于 Logistic 函数来说，坐标轴“0”是一个有着特殊意义的坐标，越靠近 0 和越远离 0，也就是沿着 0 轴缩小和放大，函数图像将呈现截然不同的形状，堪称“函数界的变形金刚”。

上面给出的 Logistic 函数图像是以（−10，10）这样的跨度来绘制的，呈现出了漂亮的 S 曲线。如果这个跨度值沿着 0 轴缩小，则可以看出 S 曲线变得越来越“直”，到了（−1，1）甚至更小时，几乎就变成了一条直线。这就是 Logistic 函数为什么可导，如图 4-6 所示。

但反过来，只要跨度值不断扩大，Logistic 函数图像将越来越接近于原生的阶跃函数，越能发挥出“开关”的效果。如图 4-7 所示。

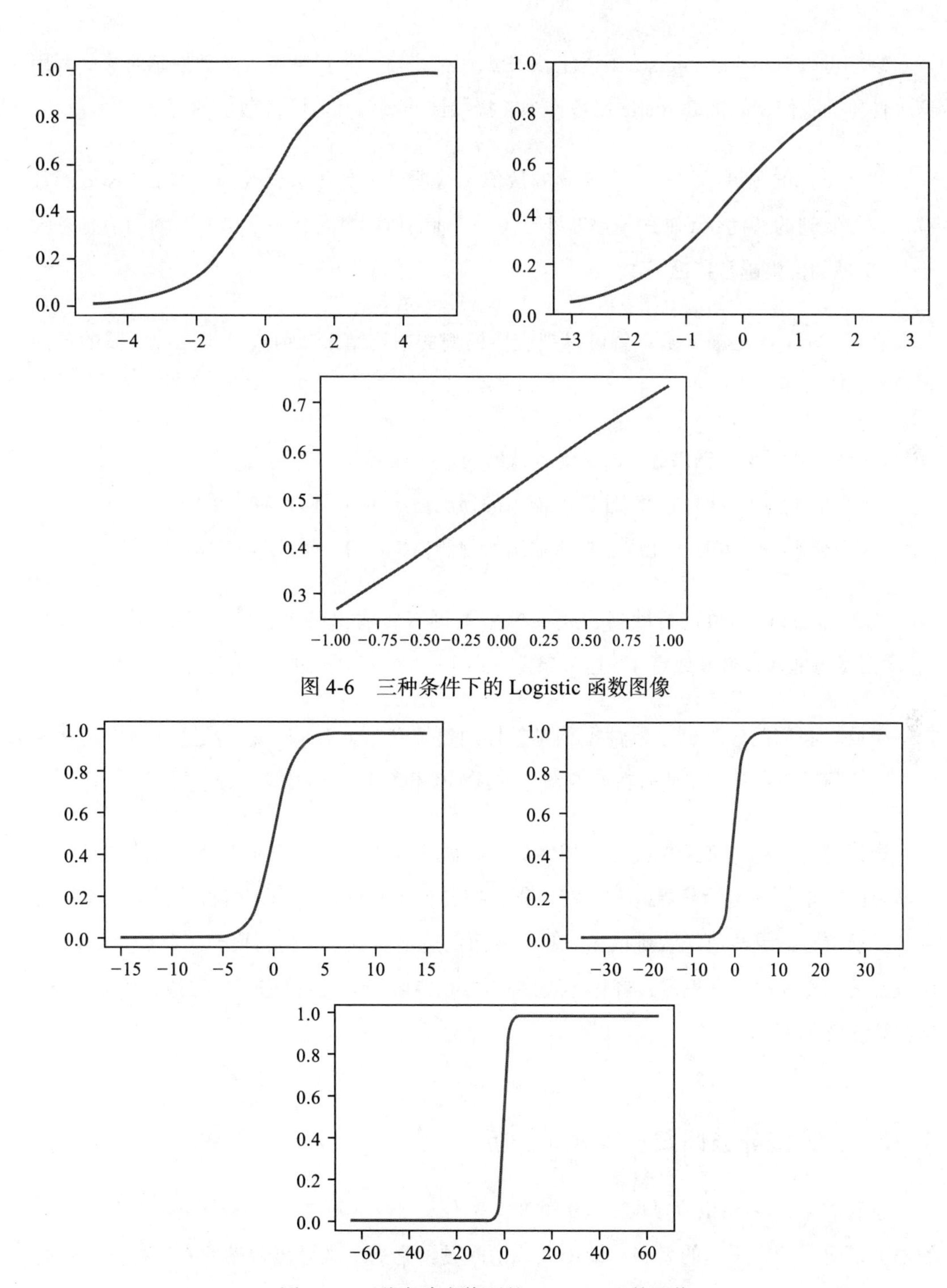

图 4-6　三种条件下的 Logistic 函数图像

图 4-7　三种大跨度值下的 Logistic 函数图像

现在可以看出来，Logistic 函数作为阶跃函数来说，是尺度越大，效果越明显。利用这个性质，我们就能把 Logistic 函数作为连接线性连续值和阶跃离散值的桥梁。

线性模型的预测结果是一个连续的数值，这项设定是无法更改的。但 Logistic 函数有一样很便利的特性：X 轴的值越是小于 0，Y 轴的值则越是接近于 0；X 轴的值越是大于 0，Y 轴的值则越是接近于 1。

那么，通过 Logistic 函数就可以把线性模型的预测结果映射成分类问题所需的预测结果。思路如下：

1）将线性模型的输出和 Logistic 函数的输入串接起来。

2）当样本为负类时，让线性模型输出的预测值小于 0，而且越小越好。

3）当样本为正类时，让线性模型输出的预测值大于 0，而且越大越好。

有了 Logistic 函数进行映射，线性模型不再需要输出某个特定的值，而只要满足“让输出尽可能地接近 0 或者 1”这一条要求即可。这条要求是线性模型可以满足的。

至此，我们已经看到了线性模型是怎样通过“套”上 Logistic 函数这件马甲，从连续型回归预测摇身一变，使得在离散型分类预测上也分得一杯羹。

通过“套马甲”来扩大模型适用性的这种做法在机器学习中并不鲜见，特别是在深度学习中，很多深度学习界的专家特别喜爱把各种函数模块比作乐高积木，根据不同的任务要求将它们灵活地组装拼接在一起，从而创造出前所未有的新模型。显然，Logistic 函数就是这样一种乐高积木，将它与线性回归组装在一起，能够用于分类预测的 Logistic 回归算法就诞生了。

4.1.3　此回归非彼回归：“LR”辨析

在我看来，Logistic 回归是一套对初学者不太友好的算法，但这个问题不在于算法的原理，而在于它所起的名字，即中文称谓问题。它的中文译名常见的有三种之多：有人称为“逻辑回归”，感觉像是什么时候在回归问题下面又添加了一种与逻辑学交叉的子问题，可实际上 Logistic 回归既无逻辑又不回归；有人直接按发音称为“逻辑斯谛回归”，感觉说了很多，却又什么也没说；有人称为“对数几率回归”，感觉文绉绉的，但从数学的角度和 Logistic 回归的实质来看这种叫法确实颇为形象贴切。考虑到各种中文译名所制造的混乱，本书希望避免平白增加学习曲线的陡峭度，干脆返璞归真，直接采用“ Logistic 回归”这个名字。需要大家记住的也只有一条：本章的 Logistic 回归和其他文献中的“逻辑回归”“逻辑斯谛回归”以及“对数几率回归”指的都是同一套算法。

接着就要说说 Logistic 回归名字本身了，这个名字至少有两处地方显示命名者掩藏不住的浓烈黑色幽默感：一是虽然名字赫然写着“回归”，但实际上解决的却是分类问题，堪称算法界的“身在曹营心在汉”；二是虽然名字没有半点“线性”的蛛丝马迹，但担纲的却都是地地道道的线性模型原班人马。

最后，同样容易引起疑惑的是 Logistic 回归的名字缩写。Logistic 回归的英文名称为 Logistic Regression，部分文献中简写为“ LR 算法”或“ LR”。不过回想一下上一章介绍的线性回归算法，其英文名称为 Linear Regression，同样可以简写为 LR 算法，这就很容易引起歧义，不知道文中的“ LR”到底是指 Logistic 回归还是线性回归。写作本章时我专门翻找了文献，基本上“ LR”指的都是 Logistic 回归算法，然而这又似乎只是某种学术界约定俗成的习惯，并没有发现权威的解释或者要求。好在两款 LR 算法对应的是截然不同的两类问题，这里建议大家在阅读文献时，把“ LR”这一简写优先作为 Logistic 回归来理解，然后结合上下文的问题语境再进行具体确认。

4.2 Logistic 回归的算法原理

4.2.1 Logistic 回归算法的基本思路

在 3.2.1 节，我们把线性模型的各个构件组合起来，朝着拟合数据的方向运转，搭建出一台能够解决回归问题的预测机器。在本章我们换汤不换药，继续用线性模型这架老机器来解决本章的分类问题。

既然是换汤不换药，那么老机器原有的构件和运行机制我不打算更换，唯一要解决的问题只有一样：老机器的预测产品和新问题的需求格式不太对得上。

先说说分类问题究竟需要什么形式的预测结果。前面来来回回只是说分类问题的预测结果是离散的，这个“离散”究竟长什么样儿呢？

要回答这个问题，得先看待分类的类别。分类问题的预测结果自然预测的是类别，也许你在日常生活中习惯以类别的名字作为不同类别的区分，但在机器学习中，使用的是事前约定的数值来代表类别，常用的形式有如下三种：

- 数字形式：这是最为直接的一种形式，譬如直接用“1”代表正类，“ -1”代表负类，那么预测结果是正类就输出“1”，是负类就输出 -1，简单明了。当然，指代的数字不是唯一的，只要能与类别对应就行，譬如另一种常见习惯是用“0”来指代负类。
- 向量形式：这是当前深度学习在分类问题上使用最多的一种形式，特别是在多分类问题上多采用这种形式，用向量中元素按顺序代表类别，譬如有 A、B、C 三类，就可以用 [x1, x2, x3] 这样的向量元素依次代表，预测结果为哪一类，就把向量中的对应元素置 1，其他置 0。如预测的结果类别为“ A”，则输出的预测结果就表示为 [1, 0, 0]；预测结果为“B”，则表示为 [0，1，0]。
- 概率值形式：前面两种表示形式都以 1 或 0 等确值来表示预测结果是否为这个类，但部分算法给出的预测结果不是绝对的“是 / 否”，而是每个类的可能概率。如上文对 A、B、C 三类的预测结果，用这种形式就表示为如 [0.8435, 0.032, 0.000 419]，可以看出，虽然三个元素都存在一定概率，但显然“ A”的概率要高于其他，同样能够起到预测类别的效果。

看完分类问题对预测结果的格式要求，想必你心里已经清楚我们的线性模型是无法直接上岗的，它只知道“吐”78.1、0.032 和 3.333 这样有零有整的连续数值。那怎么办呢？简单，套马甲！

我们已经知道线性模型要套的马甲是 Logistic 函数，不过这个函数稍显复杂，这里干脆跳出机器学习的套路，自己动手撸一件马甲。先明确条件，假设要预测的是一个二元分类问题，输出格式按数字形式，也就是 1 或者 −1。

然后怎么办？好办啊，不就是一个判断结构的事儿：

```
if (线性模型输出的连续值 >0):
    return 1
else:
    return -1
```

以 0 为界，把连续值两边一分，于是就得到了想要的离散值。你可能不服气：这个方法太过粗暴，凭什么就能保证线性模型对正类的预测结果大于 0 呢？这是个好问题，也是理解线性模型从线性回归到 Logistic 回归的关键。

关键还是在于线性回归。我们俯下身子，学着从线性模型的视角看，就会发现这里根本不存在什么预测值是离散的分类问题，而是要预测得到一个连续值。对于任意一个非零数值，当然不是大于 0 就是小于 0，为了使预测更准确，唯一的要求就是预测值距离 0 点越远越好，譬如说把正类看成是要预测 3756.2、3890、3910.7，把负类结果看成要预测 −2116.4、−2213、−2305.6 这样的连续值。这当然还是典型的回归问题，然后就可以照葫芦画瓢地用线性回归那套老办法去拟合。只要线性回归圆满完成了它的任务，我们自然就能保证正类的预测结果大于 0，而负类小于 0 了（见图 4-8）。

最后我想提醒你，别小看上面这个似乎很简单的判断结构，它其实是大名鼎鼎的 Sgn 函数，也正是我们前面所讲的 Logistic 函数所要效仿的阶跃函数，Sgn 函数如下所示：

$$\operatorname{sgn}(x)=\begin{cases}1, & x>0\\ 0, & x=0\\ -1, & x<0\end{cases} \tag{4-1}$$

不过也正如前面所讲，Sgn 函数存在不可导的问题，所以实际上我们选择用 Logistic 函数顶替了它的位置。

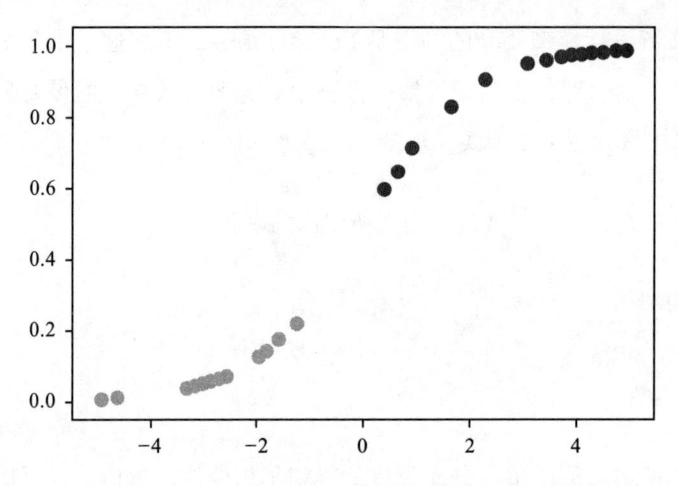

图 4-8　经过 Logistic 函数映射后的数据点分布

4.2.2　Logistic 回归算法的数学解析

1. Logistic 回归的数学表达式

前面我们已经了解了线性回归的数学表达式，这对我们了解 Logistic 回归有很大帮助。Logistic 回归就是线性回归“穿”了一件 Logistic 函数马甲，同时由于针对的是分类问题，损失函数的数学表达式也有所调整。

Logistic 函数的数学表达式如下：

$$\text{Logistic}(z)=\frac{1}{1+\mathrm{e}^{-z}} \tag{4-2}$$

e 称为自然常数，也就是一个固定值的“常量”，e^{-z} 是以 e 为底、z 为变量的指数函数，更常见的写法为 e^{-x}。以 e 为底的指数函数 e^{x} 又可以写成 $\exp(x)$，这种形式更接近于编程的函数写法。二者只存在写法风格的不同，有时候你看到的 Logistic 回归可能采用这样的写法，但与上式表达的内容是一样的：

$$\text{Logistic}(z)=\frac{1}{1+\exp(-z)} \tag{4-3}$$

剩下的都是基础的运算，应该很好理解和计算。也许你不放心，总是在担心“这个表达式为什么要写成这个样子”，其实没必要细究。数学是一门发现的学问，也是一门发明的学问，数学家出于各种目的也会“制造”一些产品，感觉需要阶跃函数了，就“制造”出 Logistic 函数。只需要记住这个 Logistic 函数就可以了。

Logistic 回归的假设函数就是套上 Logistic 函数的线性方程，也就是把线性方程表达式带入上式的 z，表达式如下：

$$H(x)=\frac{1}{1+\mathrm{e}^{-(w^{\mathrm{T}}x_i+b)}} \tag{4-4}$$

这个式子与上式基本一致。我们知道，原本线性方程的图像是一条直线，但现在套上了 Logistic 函数，函数产生的预测值也就沿着 S 形分布了，从而能够产生离散的输出结果。

2. Logistic 回归的损失函数

看完假设函数，就轮到损失函数了。Logistic 回归的损失函数表达式如下：

$$L(x)=-y\log H(x)-(1-y)\log(1-H(x)) \tag{4-5}$$

是不是有一种“前面都白学了”的挫败感觉？分类问题的预测值是离散的，其损失函数确实与回归函数的很不一样。

要弄清楚损失函数，首先还是要回到假设函数。假设函数的输出是什么呢？你也许会不假思索地抢答说：“是正负类。”这个答案对也不对。仔细观察 Logistic 函数的输出区间，值域是从 0 到 1。什么与预测相关，值域又是从 0 到 1 的呢？在你的脑海里也许闪过一个念头，没错，概率！这不是偶然。选取 Logistic 函数作为马甲，一是看上它的 S 曲线，二是因为它的输出区间符合概率的要求。

接下来还有一个重要的细节。大多数对 Logistic 回归的介绍只抛出一个奇形怪状的损失函数而什么也不解释，现在说到了概率，可是你细想一下，不对呀，如果是概率，那么是什么的概率呢？我们前面已经说过，分类预测的结果至少有两个类，正类可以有一个概率，负类也可以有一个概率，虽然说这两个概率相加等于1，知道一个可以算出另一个，但这里究竟是指哪个类的概率呢？关键细节的含糊往往是数学解析最让人头疼的地方。

这里可以明确告诉你是正类的概率。为什么是正类？这不是一个没理由的设定，而是与数据有关。在第1章介绍数据时说过，除了特征外，分类问题的数据还带有类别标签（Class Label）信息。分类问题的y就是类别，而这个类别信息的值被设置成0或1，这个值并不是随意赋予的，如果该样本是正类则为1，否则为0。也就是说，在清理数据时，就已经把正类当作标准，预测时理所应当也得把正类当作标准。

损失函数需要把预测结果和实际结果结合起来，如果把预测结果看作概率，则可以写出第一版损失函数：

$$L(x) = -H(x_i)^{y_i}(1-H(x_i))^{1-y_i} \tag{4-6}$$

这是一个很巧妙的函数，是根据概率设计出来的。函数的值由$H()^{y_i}$和$(1-H(x_i))^{1-y_i}$两部分相乘，但由于y的值只会为0或1，所以实际上每次只会有一个部分能够输出值。

当y=1时，1−y就为0，所以第二部分的值为1，相乘后不会对函数的值产生影响，函数值为$H(x_i)^{y_i}$。同理，当y=0时，函数值为$(1-H(x_i))^{1-y_i}$。

现在确定一下损失函数是否正常工作。当y=1时，如果预测正确，预测值则无限接近1，也即$H(x_i)^{y_i}$的值为1，损失值则为−1。如果预测错误，$H(x_i)^{y_i}$的值为0，损失值也为0。预测错误的损失值确实比预测正确的大，满足要求。

也许刨根究底的你会好奇，为什么要在前面加个负号，难道只是一个硬性设定？其实前面已经提供答案，损失函数是根据概率来设计的，具体来说是根据似然函数$P(Y|X;w)$来指定的。“似然”这个概念比较复杂，我们将在后面详述，简单的理解就是预测值和实际结果越相似，似然函数的值越大。现在我们希望的是预测值与实际结果相

差越大，函数的值越大，而只要对似然函数取负，就能达到这个目的。

第一版的损失函数虽然能够表达预测值和实际值之间的偏差，但存在一个致命的问题：它不是一个凸函数，这将导致无法使用梯度下降等优化方法使得损失值最小。好在机器学习界早就掌握了应对这种状况的解决方法：对数函数，也即取 log。

关于对数函数的知识，我们只需要知道两点，首先对数都是单调函数，即要么递增，要么递减；然后大致了解一下不同底数所对应的函数图像，一共也就两类，当底数大于 1 时，函数单调递增，而当底数小于 1 并大于 0 时，函数单调递减。如果你觉得这也有点复杂的话，那么只需要知道，机器学习中大量使用了 log，但底数均大于 1，而且在绝大多数情况下都取自然对数 e，也就是底数大于 1 的情况，函数图像是单调递增的（见图 4-9）。

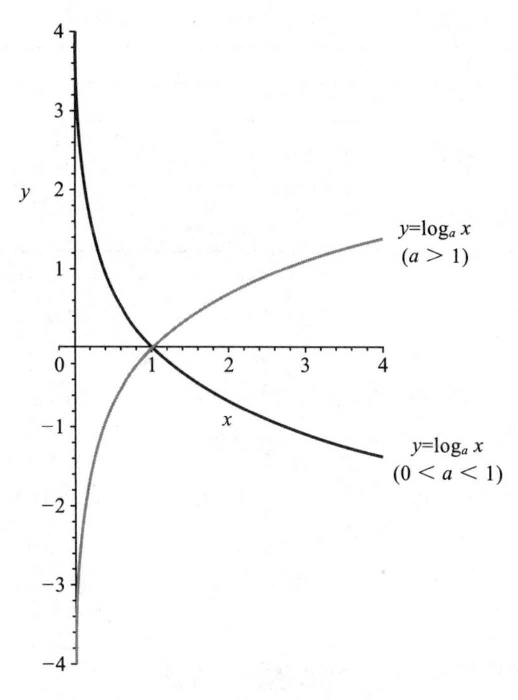

图 4-9　两种底数条件下的对数函数图像

取 log 后涉及对数运算，不过对数的基本运算法则有三条，分别是针对乘法、除法和指数，这里我们只关心乘法，取对数后，乘法变成了加法。理解起来也很简单，如 $2^2 \times 2^3=2^{2+3}$，将这里的指数函数转化成以 2 为底的对数函数，就得到这条对数运算法则了。

$$\log_a(MN) = \log_a M + \log_a N \tag{4-7}$$

log 一般是需要指明底数的，但各种文献经常会出现 log 这种不带底数的情况，我专门就这一问题翻找了文献，通常有 2、10 和 e 三种说法，好在不管是哪种，显然底数都大于 1，函数是单调递增的。在 Numpy 中，log 默认底数为 e。

4.2.3 Logistic 回归算法的具体步骤

Logistic 回归和线性回归的步骤类似，输出却是一个离散的值。具体如表 4-1 所示。

表 4-1　Logistic 回归分类算法信息表

算法名称	Logistic 回归	
问题域	有监督学习的分类问题	
输入	向量 $\boldsymbol{X}$，向量 $\boldsymbol{Y}$	向量 $\boldsymbol{X}$ 的含义：样本的多种特征信息值 向量 $\boldsymbol{Y}$ 的含义：对应的类别标签
输出	预测模型，为是否为正类的概率	模型用法：输入待预测的向量 $\boldsymbol{X}$，输出预测结果分类向量 $\boldsymbol{Y}$

具体步骤同样是三步：

1）为假设函数设定参数 $\boldsymbol{w}$，通过假设函数计算出一个预测值。

2）将预测值带入损失函数，计算出一个损失值。

3）通过得到的损失值，利用梯度下降等优化方法调整参数 $\boldsymbol{w}$。不断重复这个过程，使得损失值最小。

4.3　在 Python 中使用 Logistic 回归算法

在 Scikit-Learn 机器学习库中，线性模型算法族都在 linear_model 类库下，当前版本一共有 39 个类，是 Scikit-Learn 机器学习库中最庞大的模型算法族类库之一。不过，看似有很多类，却都是由几种基本算法经过部分调整以及组合而成，是真正意义上的“万变不离其宗”，典型的几个如下所示。

1. LinearRegression 类

对应线性回归算法，也称为普通最小二乘法（Ordinary Least Square,OLS），用于预测回归问题，相关原理细节请见上一章，其损失函数的数学表达式如下：

$$L(x)=\min_{w}\|Xw-y\|_2^2 \tag{4-8}$$

LinearRegression 会调用 fit 方法来拟合数组 X、y，并且将线性模型的系数存储在其成员变量 coef_ 中。

2. Ridge 类

对应 Ridge 回归算法，又称为岭回归，用于预测回归问题，是在线性回归的基础上添加了 L2 正则项，使得权重 weight 的分布更为平均，其损失函数的数学表达式如下：

$$L(x)=\min_{w}\|Xw-y\|_2^2+a\|w\|_2^2 \tag{4-9}$$

表达式的左侧与线性回归算法的损失函数一致，只是额外添加了右侧的 L2 正则表达式，其中 a 是一个常数，根据经验设置。

3. Lasso 类

对应 Lasso 回归算法。我们知道，常用的正则项有 L1 和 L2，用了 L2 正则项的线性回归是 Ridge 回归，用了 L1 正则项的线性回归是什么呢？正是 Lasso 回归，同样用于预测回归问题。其损失函数的数学表达式如下：

$$L(x)=\min_{w}\frac{1}{2n}\|Xw-y\|_2^2+a\|w\|_1 \tag{4-10}$$

表达式的左侧与 Ridge 回归算法的损失函数基本一致，只是将右侧的 L2 正则表达式替换成了 L1 正则表达式。你可能关注到左侧式子相比线性回归，多了一个 $\frac{1}{2n}$，其中 n 是样本数量，在优化过程的运算中不会发生变化，是一个常量，并不会对权重 w 的调整产生影响，所以本质还是一样的。

4. LogisticRegression 类

这就是本章所讲的 Logistic 回归，用法如下：

```
# 从 Scikit-Learn 库导入线性模型中的 Logistic 回归算法
from sklearn.linear_model import LogisticRegression
#Scikit-Learn 库带有知名的鸢尾花分类数据集，是一个分类问题的数据集
from sklearn.datasets import load_iris

# 载入鸢尾花数据集
X, y = load_iris(return_X_y=True)
# 训练模型
clf = LogisticRegression().fit(X, y)
# 使用模型进行分类预测
clf.predict(X)
```

预测结果如下：

```
array([0, 0, 0, 0, 0, 0, 0, 0, 0, 0, 0, 0, 0, 0, 0, 0, 0, 0, 0, 0, 0, 0,
       0, 0, 0, 0, 0, 0, 0, 0, 0, 0, 0, 0, 0, 0, 0, 0, 0, 0, 0, 0, 0, 0,
       0, 0, 0, 0, 0, 0, 1, 1, 1, 1, 1, 1, 1, 1, 1, 1, 1, 1, 1, 1, 1, 1,
       2, 1, 1, 1, 2, 1, 1, 1, 1, 1, 1, 1, 1, 1, 1, 1, 1, 2, 2, 2, 1, 1,
       1, 1, 1, 1, 1, 1, 1, 1, 1, 1, 1, 1, 2, 2, 2, 2, 2, 2, 2, 2, 2, 2,
       2, 2, 2, 2, 2, 2, 2, 2, 2, 2, 2, 2, 2, 2, 2, 2, 2, 2, 2, 1, 2, 2,
       2, 2, 2, 2, 2, 2, 2, 2, 2, 2, 2, 2, 2, 2, 2, 2, 2, 2])
```

模型自带默认的性能评估器，使用方法如下：

```
clf.score(X,y)
```

性能得分如下：

```
0.96
```

4.4　Logistic 回归算法的使用场景

Logistic 回归是基于线性模型，增加了 Logistic 函数实现的分类算法，具有原理清晰、结构简单等优点。但同样由于结构简单，在多特征、多类别的数据环境下，Logistic 回归容易出现过拟合的情况，表现不如二元分类领域。

Logistic 回归还可以作为分类模型的基线模型。如果我们手头有了数据，又有了需求，想上一套机器学习算法，通常会怎么做？在最理想的状态下，当然是希望将机器学习模块快速部署上线，看看实际输出效果。但理想总是美好的，机器学习模块需要大量的调优工作，而线性模型实现简单，方便部署，可以快速查看输出效果。

机器学习的算法优劣有多种评价指标，每种都能得出一个分数，但要特别说明的是，这些分数不能简单地理解成 100 分为最高，60 分才刚及格。正如考试一样，分数是与难度密切相关的，如果难度非常高，可能 59 分也算优秀，反之，如果非常简单，95 分也可能才刚刚及格。分数是一个绝对值，但优劣不是。我们知道，考试看的是大家的得分水平，对比后才知道优劣。机器学习算法的优劣也一样，就算得到一个“神器”，也需要经过比较，确定它在得分数值上获得明显的提高才能体现出优势，这时候就需要有一个可以快速实现，也能取得一定效果的基线模型。

Logistic 回归分类算法的特点总结如表 4-2 所示。

表 4-2　Logistic 回归分类算法的特点

优点	线性模型形式简单，可解释性强，容易理解和实现，是计算代价较低的分类模型
缺点	分类的效果有时不好，容易欠拟合
应用领域	适用于二分类领域，或作为其他算法的“部件”，如作为神经网络算法的激活函数

算法使用案例

网络广告是现在很多互联网服务的主要收入来源，因此研究点击率（Click Through Rate, CTR）的变化规律也成为一项非常重要的工作，它通常会结合 Logistic 回归来完成。如网络巨头 Facebook 通常会通过其他手段获取一些特征，然后将这些特征传给 Logistic 回归来进行分类，Google 公司则提出了 LR-FTRL 算法，同样是利用了 Logistic 回归。

CHAPTER 5

第 5 章

KNN 分类算法

KNN 分类算法是一款“另类”的机器学习算法。刚接触机器学习时，看见 KNN 很容易感觉被大段陌生数学公式刷屏，所以不少人说学习机器学习，数学是一道绕不过去的坎。话是不错，不过机器学习并非全都是数学，而机器学习模型也并非全都依靠数学，KNN 分类算法就是其中一种不太依赖数学的机器学习模型，属于一种“意识流”算法。本章将介绍多数表决思想和可以用来度量样本距离的一些“尺子”，以及 KNN 分类算法如何借助前面两者来解决分类问题。

5.1 KNN 分类算法：用多数表决进行分类

在这一章，我们继续研究分类问题。在上一章，我们选择用线性模型套 S 型函数的方法第一次解决了分类问题。当然，作为机器学习，特别是有监督学习的一个问题大类，对于分类问题可以从多种不同的角度加以思考。对于同样的问题，从不同的角度思考，也许就能产生新奇有趣的不同算法。接下来我们将沿着这条主线探索分类问题，毕竟，一题多解的趣味可不仅仅在数学领域才能感受到。

我们已经知道，Logistic 回归模型虽然套着“马甲”，但核心算法仍然是线性模型，训练的方法与线性回归一样，都是首先计算出预测值与实际值的偏差，然后根据偏差来调整权值。在机器学习中，用这种通过不断减少偏差，从而实现逼近“神秘函数”的方法来训练模型的情况非常常见。但这种方法也存在一些问题，如使用梯度下降等优化方法减少偏差值时，可能出现陷入“局部最优解”的问题，导致这个问题的根本原因在于这种训练方法总是“走一步看一步”，也就是常说的“缺乏大局观”。

想要有大局观也好办，只要设计一套机器学习算法，能够先获得某种全局性的统计值，然后在全局统计值的基础上完成分类等预测工作，就可以避免陷入局部最优解了。

获取全局性统计值可以算是统计学的老本行了，方法一箩筐，脱胎于统计学的机器学习算法当然也不遑多让，接下来我们将接触几款以这种思路设计的机器学习分类算法。

本章的主角 KNN 算法同样遵循这种思路，与其他分类算法相比，KNN 算法的实现简单直接，与上一章的 Logistic 回归模型相比，第一个明显区别就在于 KNN 算法没有通过优化方法来不断减少偏差的显式学习过程，这意味着用不上损失函数和优化方法这套机制，在这一章可以暂且将数学放到一边。

回忆一下，Logistic 回归的核心机制就是用损失函数和优化方法来不断调整线性函数的权值，从而拟合“神秘函数”，而偏差可谓是这套机制的动力来源。KNN 算法要避免局部最优解，当然不可能再沿用这套依赖偏差的机制，但 KNN 作为有监督学习算法，必须设计一套参考标尺，以让标注信息发挥作用。

怎样解决这对矛盾呢？ KNN 算法给出的答案是“多数表决”。

“多数表决”是一种常用的社会准则，想必大家并不陌生，但在这里遇见，也许仍会让你感到惊讶：机器学习的地盘怎么突然冒出人文学科中常有的多数表决？也许在很多人眼里，机器学习就意味着各种令人头大的数学公式，机器学习的学习之旅就是一直在各种拗口的数学名词和复杂的数学模型之中穿行跋涉，很多教程一再强调线性代数和微积分是学习机器学习的前置知识，更是加深了这一印象。

不过在我看来，机器学习的很多算法与其说是“学”，不如说是如何把我们在日常生活中积累的一些有用经验想方设法地“用”到解决机器学习所要面对的问题上。机器学习是一门问题导向的学科，能不能解决问题、解决问题的效果好不好是评价算法优劣的唯一标准，许多算法都源自你对习以为常的日常生活的深刻观察和思考。

KNN分类算法就是最好的例子。在本章，我们将看到源自人文学科的“多数表决”原则如何被机器学习应用于解决分类问题。同时，“多数表决”还涉及“表决权”的界定问题，毕竟“多数”是一个相对概念，必须指明是在什么范围里的多数，这就需要依赖“距离”来进行度量。多数表决和距离是KNN算法中最重要的两个概念，在文中请加以关注：

- 多数表决
- 距离

5.1.1 用“同类相吸”的办法解决分类问题

前面我们学习了用Logistic回归解决分类问题，核心思路有两条，一是使用线性方程勾画直线，二是通过Logistic函数把直线“掰弯”，从而拟合呈离散分布的分类问题数据点，相当于首先通过Logistic函数把分类问题映射成回归问题，然后使用可以解决回归问题的线性模型来解决分类问题。

这个思路是可行的，但是总感觉有点绕，能不能利用分类问题数据集自身的特点来设计一套更直接的算法呢?

当然，算法不是凭空设计的，首先得观察有监督学习的数据集都是怎么组织的。我们看到，有监督学习的数据集分为训练集和测试集，两种数据集的组织形式一样，但用法略有不同，训练模型一般只使用训练集，在训练集中，每条样本不但有各个维度方向对应的数值，还包括一一标注好了的分类结果。也就是说，假设当前要训练的是二元分类，那么，根据训练集“正类”和“负类”的标注结果，样本数据实际已经分成了两堆。

接下来我们要从训练集中提取分类信息，可以直接利用数据集实际已经分成两堆这个条件。想象一下，如果我们要做的不是数据分类，而是整理衣物，现在衣物已经按上衣和裤子分成了两堆，接下来你要做的就是看到上衣就扔到上衣的那一堆，看到裤子就放到裤子的那一堆。这两堆衣物就像两块大磁铁，上衣来了，就被“吸”到上衣那堆，裤子来了，就被“吸”到裤子那堆，很简单地就能完成整理工作。

生活已经一再证明，这个“同类相吸”的方法不但简单而且有效。但也许你会很快发现，要想将此方法套用在机器学习中，需要解决一个很重要的问题：我得首先知道它是裤子，然后才能把它放到裤子那堆，可现在的问题不正是我不知道它究竟是衣服还是裤子，所以才要分类吗？

这是一个相当好的问题，不过，回答其实已经蕴含在方法里了。我们对上衣和裤子太熟悉，以至于没有意识到是怎么甄别它们的，那么换一个场景，如同样在生活中非常常见的垃圾分类，有人已经把垃圾按“厨余垃圾”和“其他垃圾”分成两堆，现在你手上有一片树叶，应该放入哪一堆？

这是一个真实的例子，估计很多人同我一样，没想到树叶是应该归为厨余垃圾的。那么，我们为什么觉得树叶不属于厨余垃圾，而实际上它又属于厨余垃圾，这两个思考过程分别是怎样的呢？

其实这两个过程的核心都是一样的，即“同类相吸”，同一类物品总归是存在某些相似之处的。为什么觉得树叶不是厨余垃圾呢？因为厨余垃圾大多是在厨房里产生的垃圾，譬如剩饭剩菜，而树叶一般不会出现在厨房中，所以我们认为树叶不应该属于厨余垃圾。那么为什么实际上树叶又属于厨余垃圾呢？同样的道理，厨余垃圾实际上是以“可腐烂”为共同特征的，也就是说，厨余垃圾之间最相似的共同点是“可腐烂”。而树叶当然可以腐烂，所以树叶也属于厨余垃圾。

总结一下，分类问题的训练集是已经将样本按正负类分成了两堆，每个堆的样本都存在某种共同之处，那么，对于新输入的待分类样本究竟该归为哪一堆的问题，也就转化成新样本和哪一堆的样本共同点最多、最为相像。与哪一堆像，新样本就归为哪一堆，即分成哪一类。

可视化下的分类问题

严肃复杂的样本分类问题突然变成找相似点游戏，你是不是一下有点难以接受？那就让我们更直观地看一下分类问题下的数据样本。

上一章我们使用了鸢尾花的数据集演示分类，数据集中包含了三类鸢尾花，分别用●、○、●三种颜色代表，取两个特征维度，绘制得到图 5-1。

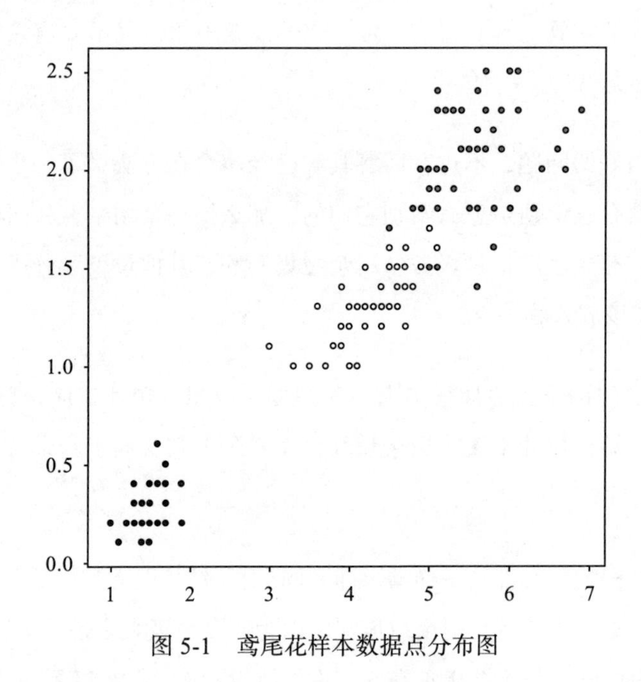

图 5-1　鸢尾花样本数据点分布图

可以看出，同一类（即颜色相同）的鸢尾花样本点靠得很近，而不同类的鸢尾花样本显然离得要远一些。特征的差异形成了距离，构成了类的天然边界，客观上确实存在“同类相吸”的现象。抓住这个现象，我们就可以设置出一套新的分类方法：用已经分好类的样本作为参照，看看待分类的样本与哪一类更近，就归为哪一类。

5.1.2　KNN 分类算法的基本方法：多数表决

“同类相吸”可以说是 KNN 分类算法的指导思想，从而机器学习模型可以脱离对偏差的依赖，而同样起到分类的效果。不过，这个想法只是 KNN 算法的起点，若要用来分类，许多细节问题就无法绕过。

我们知道，实际的样本是有许多维度的，如鸢尾花数据集，虽然它是一个非常小的数据集，但每个鸢尾花样本也包含了花萼的长度、宽度和花瓣的长度、宽度 4 个维度，从不同维度看，样本数据点的分布情况不相同。假设每次任意取鸢尾花数据集 4 个维度中的 2 个，分别作为图像的 X 轴和 Y 轴坐标，将得到 16 张图像。除了图 5-1，这里再另外选取 4 张不同维度所绘制的图像，可以比较观察不同维度下样本点的分布变化（见图 5-2）。

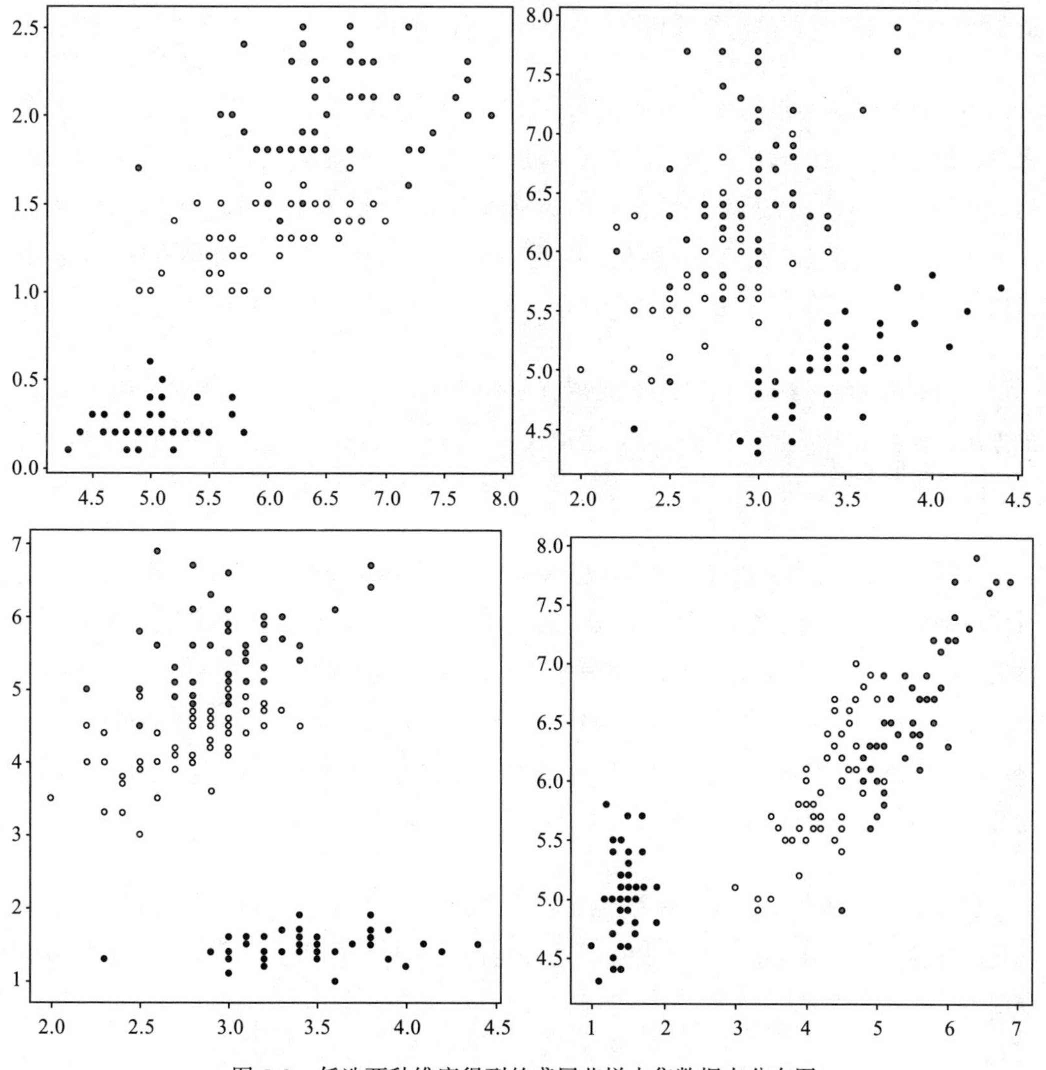

图 5-2　任选两种维度得到的鸢尾花样本集数据点分布图

可以看出，对于同样的样本，选取不同的维度之后，类与类之间呈现出了犬牙交错的更为复杂的关系，而同一类的“聚集”趋势也变得不太明显，类内样本的分布范围更广，与其他类的样本混杂在一起的可能性变得更大。

如何选取维度是KNN算法乃至机器学习都需要重点关注的问题，选取合适的维度可以事半功倍。前面所列举的垃圾分类的例子同样存在这个问题。如果说垃圾的相关样本包含可燃、可腐烂和厨房产生等维度，那么从“可燃”和“厨房产生”这几个维度看，叶子可能就与厨余垃圾这一类的其他样本离得要远一些了。

不同的维度选择可能导致样本呈现不同的分布情况。虽然我们可以人为挑选几个维度，让相同种类的鸢尾花数据点在分布上靠得更近，但这就成了“先有结论再找证据”，刻意成分太多，需要事先通过人工来分析究竟哪些维度能起到良好效果，而且相关维度超过3个之后还存在无法可视化的问题，所以需要想办法让模型能够自行完成这个过程。

不同的机器学习算法对于维度的选取有着不同的办法，Logistic回归算法采用“加权”的办法，让做出正面贡献的维度输入增加权值，而KNN算法则选择了更为直接和“文艺”的方法：多数表决。

“多数表决”这个词也许会让你联想到举手、表决器或者投票箱，但这都只是形式，其实质是数人数。物以类聚，人以群分，你是哪一类人，查查你的朋友圈也许就能知道答案。KNN分类算法所采用的方法同样也是“查朋友圈”。前面我们说过，训练集的样本已经按正负类分好了，现在过来一个待分类的新样本，只需要查一查“朋友圈”，也就是根据它各个维度的值，看看与它临近的点都是什么类，按多数表决原则，哪些类占大多数，这个新样本就属于哪一类。

多数表决原则在计算机中有着广泛应用，特别是在自组织结构，也就是缺乏中心结构的体系中。区块链技术中发挥了核心作用的共识计算实质上也是遵照了多数表决原则。

5.1.3 表决权问题

了解了多数表决原则后，还需要对一个容易被忽略的细节进行补充讨论，这就是表决权问题。顾名思义，表决权就是谁可以参与表决，划定的可参与者的范围不同，哪一类占大多数可能也会随之发生改变。

可是，分类问题的训练集样本可没有什么朋友圈，需要我们设计一个方法来划定这个“圈”。对于 KNN，这个圈就是由距离决定的。具体来说，根据样本各个维度的值可以作出一个个数据点，我们只需要度量点与点之间的距离，然后若想给某个点划分“朋友圈”，只需要以这个点为圆心，就可以找到与它临近的点有哪些，从而构成它的“朋友圈”。只有在圈子里的点才拥有对于这个点属于哪个类的表决权，而不是由全体样本进行表决。这是一个需要注意的细节。

为什么不用全体样本表决呢？如果采用这种方法，那么新加入样本的类别一定就是原来在全体样本中占大多数的类别，这个类别是正类还是负类，主要受样本采集方法的影响，与分类的本身关系不大。随着新样本的不断加入，这个类别在全体样本中的占比也将不断扩大，使得新加入样本始终都是这个类别，从而形成“滚雪球”效应，也就无法起到分类的作用了。

再说说距离度量。在二维平面上，我们习惯用直尺来测量距离，所以也没有觉得这有难度。但是，数据点常常有多个维度，如鸢尾花的数据点就有 4 个维度，这就没法直接用尺子量了。怎么办呢？数学家已经为我们准备好了多种衡量距离的数学工具，根据需要选取其中一种，同样可以确定点与点之间的距离，以及指定的点与谁临近。至于为什么用距离确定“朋友圈”，其实也好理解，走得近的当然才称得上朋友嘛！

5.1.4 KNN 的具体含义

说了分门别类的分类方式和多数表决的判别原则，现在可以正式介绍 KNN 了。我们先从名字说起，“KNN”这三个字母究竟代表什么意思？我知道许多人不仅有“数学符号恐惧症”，还有“英文缩写恐惧症”，看见缩写词就发蒙，因此有的商家会给产品加英文缩写，吸引人驻足思考，譬如把鲜榨果汁改名为NFC果汁，原因大约是商家认为只要换上一个英文缩写，内涵就要翻上一番。KNN算法的三个字母的缩写也许也会令人产生这样的感觉，让初次见面的同学心里打鼓，担心这款算法会不会原理特别难以理解。请一定放心，至少对于KNN这个缩写所带来的附加恐惧都是错觉。KNN实际上是一种非常简单易懂的机器学习算法——就算不是最易懂的那款，起码也是之一了。

其实并不复杂，KNN是K-Nearest Neighbor的英文简写，中文直译就是K个最近邻，有人干脆称之为“最近邻算法”。字母“K”也许看着新鲜，不过作用其实早在中学就接触过。在学习排列组合时，教材都喜欢用字母“n”来指代多个，譬如“求n个数的和”，这里面也没有什么秘密，就是约定俗成的用法。而KNN算法的字母K扮演的就是与n同样的角色。K的值是多少，就代表使用了多少个最近邻。机器学习总要有自己的约定俗成，没来由地就是喜爱用“K”而不是“n”来指代多个，类似的命名方法还有后面将要提到的K-means算法。

KNN的关键在于最近邻，光看名字似乎与分类没有什么关系，但前面我们介绍了，KNN的核心在于多数表决，而谁有投票表决权呢？就是这个“最近邻”，也就是以待分类样本点为中心，距离最近的K个点。这K个点中什么类别的占比最多，待分类样本点就属于什么类别。

5.2　KNN分类的算法原理

5.2.1　KNN分类算法的基本思路

上文已经介绍了KNN算法的两个非常重要的构件，现在将它们组合成一台能够流畅运转的“机器”。再次强调，作为一种分类算法，KNN最核心的功能“分类”是通过多数表决来完成的，具体方法是在待分类点的K个最近邻中查看哪个类别占比最多。哪个类别多，待分类点就属于哪个类别。

KNN 算法负责实现分类的部分简单直接，但容易让人产生疑惑的两点正出自它的名字：一是怎样确定“K”，二是怎样确定“NN”。投票表决的流程清晰明了，但谁拥有投票表决权却是使用 KNN 算法时首先需要解决的问题。

对于第一个问题，只有一个笼统的答案：看情况。在使用机器学习算法模型解决实际问题时，给模型调参数是继数据清洗之后的又一重要工作，需要时间和经验。调参工作所需要花费的时间和得到的效果，正是新手和老手的重要差别之一。在 KNN 算法中，将 K 值设置为多少没有具体的计算公式，只能根据各位的实战经验确定了。

不同的算法模型可调的参数是不一样的。在 KNN 算法中，“KNN”中的这个“K”——也就是该选几个点，就是一个需要根据实际情况调节以便取得更好拟合效果的参数，可以根据交叉验证等实验方法，结合工作经验进行设置，一般情况下，K 的值会在 3 ～ 10 之间。

第二个问题是一个好问题。“最近邻”初看已经把要求都说明白了，但仔细一想就能发现其中空间很大。KNN 算法已经衍生出很多变种，用什么方法度量“最近”，正是 KNN 以及相关衍生算法需要解决的首要问题，是难点，也是创新点。

前面我们在介绍 L2 范式时提到的欧几里得距离，就是 KNN 中常用的度量方法，但这不是唯一的度量方法。通过选择不同的距离度量方法，同样的 KNN 算法能够有完全不同的表现。如果你计划为 KNN 设计一种变种，“最近邻”就是你应该开始着手的地方。

如果有一张表，上面像列美食攻略一样列出了能够用作距离度量的各种方法，那么解决第二个问题就容易多了。感谢一位数学家，他不但真的整理了一组能够用作距离度量的方法，还把这些方法提炼成了范式，这个范式就是闵可夫斯基距离（Minkowski Distance）。

假设已经有 5 个样本点，用颜色代表类别，现在放入一个新的待分类样本，由于类别不明，颜色用白色表示（见图 5-3）。

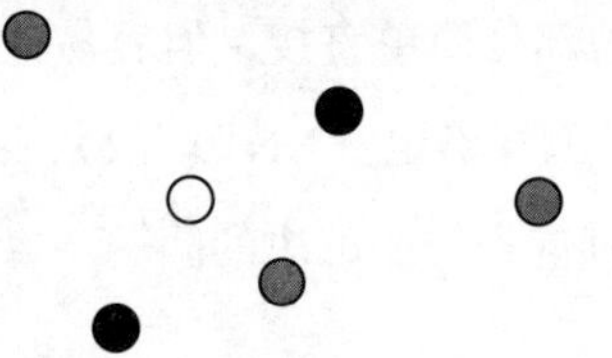

图 5-3 在已分类样本点中加入待分类样本（白色为待分类样本）

首先逐一确定待分类样本点和训练集样本点的距离，见图 5-4。

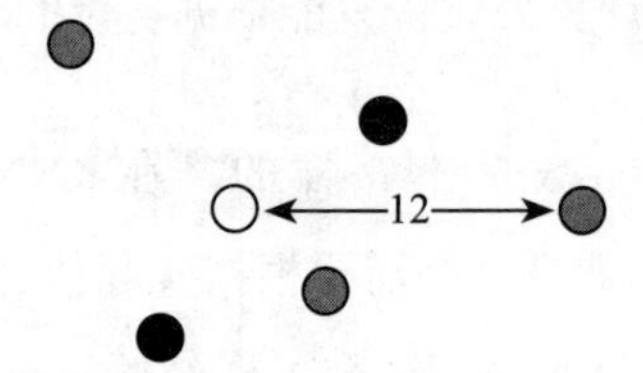

图 5-4 依次度量待分类样本与已分类样本的距离

根据距离圈定表决范围，见图 5-5。

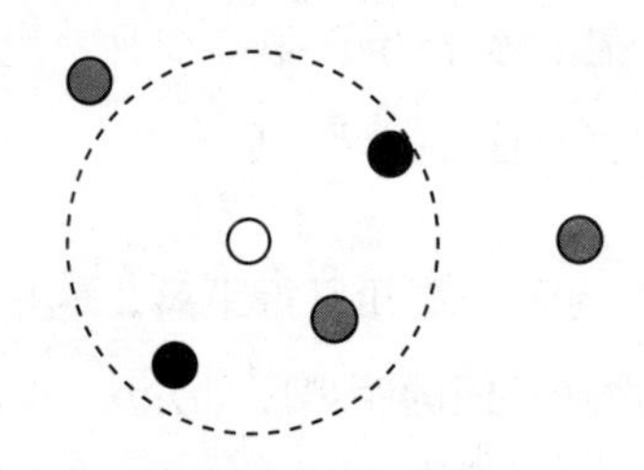

图 5-5 圆圈内表示有表决权的样本点

根据多数表决原则，决定待分类样本点的类别，由于黑色占大多数，所以待分类样本也为黑色，见图 5-6。

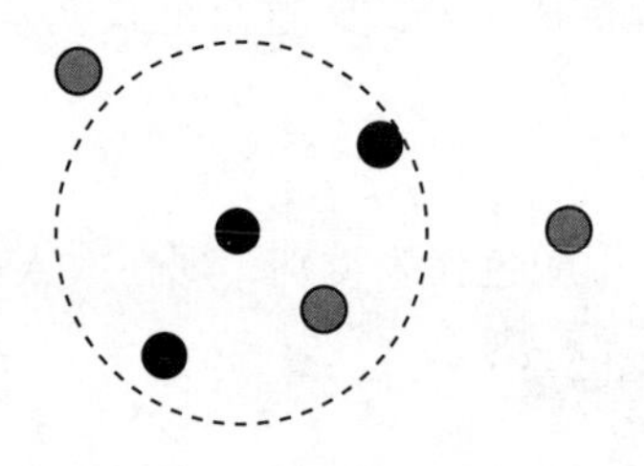

图 5-6 根据多数表决原则将待分类样本进行分类

5.2.2　KNN 分类算法的数学解析

KNN 算法的原理比较简单，基本上可算是对我们日常生活中的一种潜意识行为的归纳。KNN 算法本身并不涉及数学知识，但它在查找最近邻时用到了一些度量两点之间距离的数学方法，本节将对此进行介绍。

首先是上文提到的闵可夫斯基距离，虽然它的名字包含“距离”，但实际上是对一类距离的统一定义。闵可夫斯基距离的数学表达式如下：

$$d_P(x,y)=\left(\sum_{i=1}^{n}|x_i-y_i|^P\right)^{1/P} \tag{5-1}$$

式中出现的“∑”符号称为求和符号，与 sum 函数功能一致。如 $x_1+x_2+\cdots+x_n$，可以表示为 $\sum_{i=1}^{n}x_i$。

闵可夫斯基距离是一组距离的定义，不妨把闵可夫斯基距离看作一个代数形式的母版，通过给 P 设置不同的值，就能用闵可夫斯基距离得到不同的距离表达式。

当 P=1 时，称为曼哈顿距离，表达式如下：

$$d(x,y)=\sum_{k=1}^{n}|x_k-y_k| \tag{5-2}$$

据说曼哈顿距离最初是用于度量美国曼哈顿市出租车的行驶距离，不妨把曼哈顿市的地图看作围棋的棋盘，出租车只能沿着棋盘上的横线和纵线行驶，出租车从一个地点到另一个地点的行驶轨迹就是曼哈顿距离。

也许光看曼哈顿距离的表达式不够直观，我们以计算图 5-7 中 A 点到坐标原点的曼哈顿距离为例进行说明。

图 5-7 中 A 点坐标为（3，2），即 x_1 为 3，y_1 为 2。原点坐标为（0，0），即 x_2 为 0，y_2 为 0。根据曼哈顿距离计算公式：

$$d(x,y)=|3-0|+|2-0|=5$$

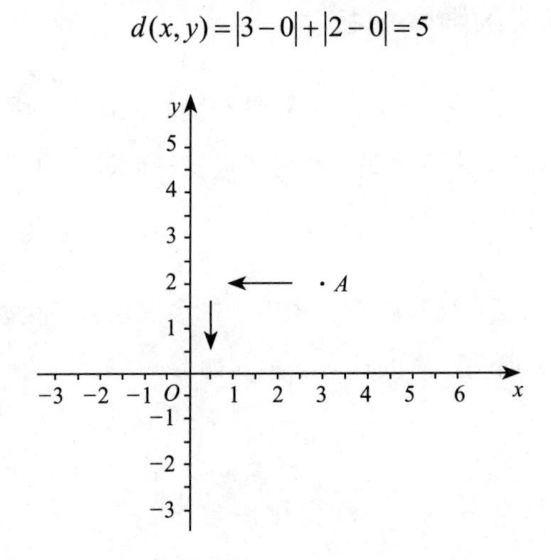

图 5-7　从 A 点到原点沿曼哈顿距离的移动轨迹

其实可以看作 A 点到原点移动了两次，第一次是从（3，2）沿着直线移动到（0，2），第二次再从（0，2）沿着直线移动到（0，0）。两次移动距离的和就是曼哈顿距离。

当 P=2 时，为欧几里得距离，最常用于度量两点之间的直线距离，表达式和 L2 范式是一样的，具体如下：

$$d_2(x,y)=\sqrt{\sum_{i=1}^{n}(x_i-y_i)^2} \tag{5-3}$$

距离的度量方法没有好坏，选择什么方法主要是根据当前情况而定。如果其他样本点呈圆形分布，而待分类点正好处于圆心，这种情况下由于到各个点的欧式距离都一样，也就无法使用欧式距离进行选择。曼哈顿距离相当于“数格子”，相比之下具有更高的稳定性，但同样存在丢失距离信息的问题，最终还是需要根据实际情况进行选择。

5.2.3　KNN 分类算法的具体步骤

KNN 算法是一种有监督的分类算法，输入同样为样本特征值向量以及对应的类标签，输出则为具有分类功能的模型，能够根据输入的特征值预测分类结果。具体如表 5-1 所示。

表 5-1　KNN 分类算法信息表

算法名称	KNN 分类	
问题域	有监督学习的分类问题	
输入	向量 ***X***，向量 ***Y***	向量 ***X*** 的含义：样本的多种特征信息值 向量 ***Y*** 的含义：对应的类别标签
输出	预测模型，表示是否为正类的概率	模型用法：输入待预测的向量 ***X***，输出预测结果分类向量

KNN 分类算法的思路很简洁，实现也很简洁，具体分三步：

1）找 *K* 个最近邻。KNN 分类算法的核心就是找最近的 *K* 个点，选定度量距离的方法之后，以待分类样本点为中心，分别测量它到其他点的距离，找出其中的距离最近的“TOP K”，这就是 *K* 个最近邻。

2）统计最近邻的类别占比。确定了最近邻之后，统计出每种类别在最近邻中的占比。

3）选取占比最多的类别作为待分类样本的类别。

5.3　在 Python 中使用 KNN 分类算法

在 Scikit-Learn 机器学习库中，最近邻模型算法族都在 neighbors 类库下，当前版本一共有 13 个类，不过，看似有很多类，但都是由几种基本算法经过部分调整以及组合而成，具有代表性的几个类如下：

- KNeighborsClassifier 类：最经典的 KNN 分类算法。
- KNeighborsRegressor 类：利用 KNN 算法解决回归问题。
- RadiusNeighborsClassifier：基于固定半径来查找最近邻的分类算法。
- NearestNeighbors 类：基于无监督学习实现 KNN 算法。
- KDTree 类：无监督学习下基于 KDTree 来查找最近邻的分类算法。
- BallTree 类：无监督学习下基于 BallTree 来查找最近邻的分类算法。

本章所介绍的 KNN 分类算法可以通过 KNeighborsClassifier 类调用，用法如下：

```
from sklearn.datasets import load_iris
# 从 Scikit-Learn 库导入近邻模型中的 KNN 分类算法
from sklearn.neighbors import KNeighborsClassifier

# 载入鸢尾花数据集
X, y = load_iris(return_X_y=True)
# 训练模型
clf = KNeighborsClassifier().fit(X, y)
# 使用模型进行分类预测
clf.predict(X)
```

预测结果如下：

```
array([0, 0, 0, 0, 0, 0, 0, 0, 0, 0, 0, 0, 0, 0, 0, 0, 0, 0, 0, 0, 0, 0,
       0, 0, 0, 0, 0, 0, 0, 0, 0, 0, 0, 0, 0, 0, 0, 0, 0, 0, 0, 0, 0, 0,
       0, 0, 0, 0, 0, 0, 1, 1, 1, 1, 1, 1, 1, 1, 1, 1, 1, 1, 1, 1, 1, 1,
       1, 1, 1, 1, 2, 1, 2, 1, 1, 1, 1, 1, 1, 1, 1, 1, 1, 2, 1, 1, 1, 1,
       1, 1, 1, 1, 1, 1, 1, 1, 1, 1, 1, 1, 2, 2, 2, 2, 2, 2, 1, 2, 2, 2,
       2, 2, 2, 2, 2, 2, 2, 2, 2, 1, 2, 2, 2, 2, 2, 2, 2, 2, 2, 2, 2, 2,
       2, 2, 2, 2, 2, 2, 2, 2, 2, 2, 2, 2, 2, 2, 2, 2, 2, 2])
```

使用默认的性能评估器评分：

```
clf.score(X,y)
```

性能得分如下：

```
0.9666666666666667
```

5.4 KNN 分类算法的使用场景

KNN 十分易懂，甚至不需要额外的数学背景，容易推广，而且理论发展较为成熟，可以解决有监督学习的分类问题、回归问题以及无监督学习等多个领域的问题，具有较大的适用范围，甚至不用进行迭代逼近，只需要进行一次计算，算法复杂度低。

但 KNN 算法的准确度受样本的类别分布影响明显，如果数据集中某类样本数量明显占多数，这将导致多数表决产生“不公平”，待预测的样本很可能会被误划入该类。同时，KNN 算法每次均需要计算所有点之间的距离，在样本数量很庞大时，可能需要耗费大量内存才能完成计算。

KNN 分类算法的特点总结如表 5-2 所示。

表 5-2　KNN 分类算法的特点

优点	理论形式简单，容易实现，新加入数据时不必对整个数据集进行重新训练，可以实现在线训练
缺点	对样本分布比较敏感，正负样本不平衡时会对预测有明显影响，数据集规模大时计算量将加大
应用领域	模式识别、文本分类、多分类领域

算法使用案例

OCR（Optical Character Recognition，光学字符识别）是一种常用的功能，如拍照搜题的原理就是首先对题目进行拍照，然后用 OCR 识别出照片中的符号和文字，最后才在题库中进行搜索和呈现结果。其他常见的 OCR 应用还包括手写数字识别和 PDF 转 Word 文档。如今 OCR 通常使用深度神经网络来实现，但在深度学习兴起之前，OCR 一般是通过 KNN 和后面即将介绍的支持向量机两种算法实现。用 KNN 实现 OCR 主要分为三步：第一步确定文字所在位置区域，第二步提取特征，第三步通过 KNN 最近邻分类算法，判断所提取的相关特征属于哪个字符。

CHAPTER 6

第6章

朴素贝叶斯分类算法

前面我们一再说机器学习模型脱胎于统计学的知识，朴素贝叶斯分类算法应该是其中统计学味道最浓的一款算法。统计学有两大学派，分别是频率学派和贝叶斯学派，两家好比剑宗和气宗，之间恩怨说来话长。贝叶斯学派有一招独门秘籍，名叫贝叶斯公式，这也正是朴素贝叶斯分类算法的核心要义。本章将首先简要回顾统计学的一些基本概率论知识，主要包括条件概率、先验概率、后验概率和似然，然后介绍核心关键贝叶斯公式，最后介绍如何在一种“朴素”的假设条件下使用贝叶斯公式，也即朴素贝叶斯模型来解决分类问题。

6.1 朴素贝叶斯：用骰子选择

20世纪90年代初的港片特别喜欢赌牌的题材，可是一方墨绿色的赌桌又能掀起多大的波澜呢？为了给主角营造神秘感，导演会给作为反派的“老千”安排各种“黑科技”，其中一种就是猜底牌。要知道，一旦摸清底牌就胜券在手。主角当然不会不知道“老千”这种对偷窥底牌的特殊的爱，所以总要千方百计地藏底牌。“老千”使用的“黑科技”是利用主角看牌的一瞬间，抓住从两张牌叠缝中露出来的转瞬即逝的符号特征，譬如一个小小的尖角，分析出底牌是A还是4，或是其他数字的可能概率，从而预测主角的底牌。

猜底牌毫无疑问也是一个预测问题，而且 52 张扑克牌一共不过 13 个数字，显然还是个多分类问题。虽然说“为虚构世界寻找真实答案实在有点儿无聊”，但我还是忍不住推想，如果真的想实现这种能猜底牌的黑科技，现成科技树上能被选用的方案，很可能就是本章我们要讨论的我最钟爱的朴素贝叶斯分类算法。

这是一套算法，也是一套世界观——一套积极向上的世界观。在媒体的不懈努力下，现在“意外事件”又多了一个颇为文艺的别名——黑天鹅事件，这是由纳西姆·尼古拉斯·塔勒布首创的词儿，他认为你所熟知的这个世界，其实是一个充满不确定性的世界。而朴素贝叶斯要告诉你的是，不管你喜不喜欢，这世上都不存在百分之一百，但还是存在一些办法，让你能够通过努力令不确定性多一点确定的成分。

这个办法就藏在贝叶斯公式里，它也是朴素贝叶斯分类算法的核心。不用担心，贝叶斯公式是一条名气很大，但只包含四则运算的简单式子，而且一目了然。其重点在于理解组成式子的四个概念，请在文中加以关注。贝叶斯成员名单如下：

- 条件概率
- 先验概率
- 后验概率
- 似然度

6.1.1 从统计角度看分类问题

在本章我们继续探索分类问题的一题多解，这次准备从概率的角度来解决这个问题。以前学校流传过一个做英语阅读理解选择题的“秘诀”：三长一短选一短，三短一长选一长。听起来毫无破绽，可总是会有严谨的人不太放心：四个选项长度都一样怎么办呢？那就只好请出最终解决方案：把答案交给骰子决定吧！

当然，上述“秘诀”只是同学间的玩笑，不过一笑而过之后，你会不会真的去细想其中合理的地方呢？我们知道，选择题一般有 A、B、C、D 四个选项，假设答案在四项上的分布是相同的，即如果有 100 道选择题，答案分别为 A、B、C、D 的题目都分别出现了 25 次，那么不管题目内容是什么，随便蒙对答案的概率就为 25%。如果你做题的正确率没有达到 25%，那么可以选择将答案交给掷骰子决定。唯一的问题是骰子有六个面，使用前还得劳烦你慎重决定将哪两个面指定为“再掷一次”。

这就是概率的神奇魔力，朴素贝叶斯也继承了这种神奇，不过，它当然不至于此，毕竟用骰子确定答案更像是戏谑之语。让我们换个角度看这个问题。

也许你已做过无数道选择题，但可能从未想过如果你不是答题人而是出题人，那么选择题在你看来会不会有什么不同？截然不同。做选择题时，你需要在四个选项中找到唯一正确的答案，但出选择题时，你却是已经知道正确的答案，需要再凑三个选项，最后还要把正确选项藏在其中。

这就带来两个问题。第一个问题，虽然三个选项原则上应该尽可能地都具有迷惑性，但受制于各种限制，实际可能迷惑程度不一。譬如还是 A、B、C、D 四个选项，虽然答题者不能肯定你究竟把正确答案藏在哪儿，但能肯定选项 C 不会是答案，那么这时答题者再求助于骰子，就只需要三选一，正确率从 25% 一下提升到了 33.3%，如果发现连选项 A 也站不住脚，那么正确率就飙升到了 50%。排除选项数与随机猜测正确率的关系如图 6-1 所示。这就是为什么老师一再强调考试时不要轻易放弃，做选择题时就算一下子没看出正确答案，但通过排除法还是可以取得不错成绩的。

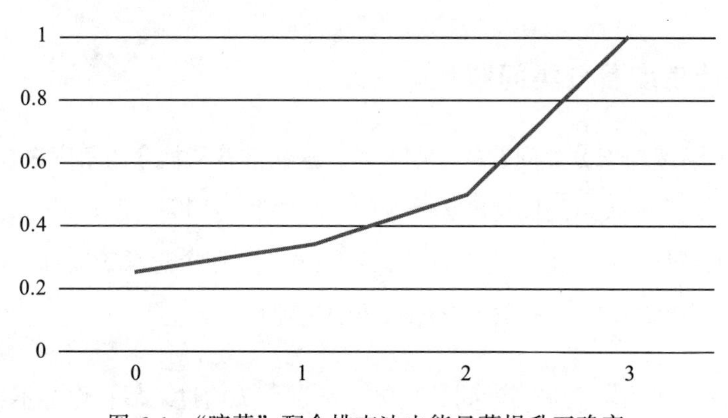

图 6-1　“瞎蒙”配合排查法也能显著提升正确率

看了图 6-1 你也许会想，这种方式是不是对奋斗者有点太不公平了？说是天道酬勤，你看纯靠瞎蒙的正确率能达到 25%，但排除一个错误选项后正确率也只不过 33.3%，而且同样还是输多赢少。可是要知道，这背后却是“一点儿不用功”和“用了一点儿功”的天壤之别，说明奋斗的价值不到 10%，不公平！

为了维护天道酬勤的正义性，我们是得想想办法。如果有一个办法，能够让你在排除一个选项之后，正确率提升到 50%，是不是就能比较好地解决这个“不公平”？不过，真的有这样违反常识的办法吗？

也许。这关乎出题人要解决的第二问题，究竟要把正确答案藏在 A、B、C、D 哪个字母后面。是的，选择题的出题者同样也需要做选择题，而且同样也是四选一。我们先不去深究出题人和答题人冥冥之中是否存在着某种诡谲的对等公平，设想一下你就是出题老师，你已经为这道选择题拟好了四个选项，那么，你要怎么安排四个选项的位置呢？

从没有人深究过这个不算问题的问题，更谈不上可靠的实际调查数据，所以从这里开始我们只能假设了。假设出题人存在某种偏好，譬如说已经将一个混淆选项填入字母 C，那下意识地就习惯把另一个混淆选项填入字母 D，那么，我们就能利用这个心理习惯来提高正确率。

我们把“C 和 D 一起成为混淆选项”套用一个严肃点儿的词叫相关性，这是统计工作中经常出现的一个现象，虽然两个对象之间并不存在逻辑和因果关系，但如果我们对某位出题人的出题情况进行统计，发现 C 和 D 就是没理由地经常“出双入对”，也就是发现如果 C 是错误选项，那么 D 很有可能也是错误选项，套用一个术语，那就是出现了 C 和 D 的共享频率很高的现象。

统计数据背后的因果关系需要交由后续工作进行研究，但所发现的关联现象是能够直接派上用场的。例如在基于上面的假设做选择题时，已经排除了选项 C，那不妨顺手划掉选项 D，在 A 和 B 之间用硬币决出最终的答案。这就是概率统计的魔术，统计学在机器学习中扮演着非常重要的角色，甚至有人断言机器学习的实质就是计算机加统计学，通过统计样本的概率分布情况来进行预测。这样的解释也许会降低机器学习的神秘感，但能更好地理解其中的运作原理，下面让我们一同走进贝叶斯的世界。

6.1.2 贝叶斯公式的基本思想

朴素贝叶斯由两部分组成，“朴素”是一种带有假设的限定条件，“贝叶斯”则指的是贝叶斯公式。合起来，朴素贝叶斯指的就是在“朴素”假设条件下运用“贝叶斯公式”。

显然，“朴素贝叶斯”是一条偏正短语，核心和重点是贝叶斯公式。贝叶斯公式与其说是一条公式，更不如说是一种思想。统计学中有两座山头，分别叫频率学派和贝叶斯学派，而这两座山头都有各自庞大的学识体系。这里本着现学现用的原则，只拣我们马上就能用的讲。

我们一般会把符号说明安排在数学解析部分，不过这里有两个概率符号需要提前介绍，它们是本章的主角。

- $P(X)$：这是概率统计中最基本的符号，表示 X 出现的概率。如在掷骰子的游戏中，$P(6)$ 就是指骰子出现数字“6”的概率。这个概率显然为1/6。
- $P(X|Y)$：这是条件概率的符号，比上面的概率符号中间多了一竖，代表条件。$P(X|Y)$ 的意思是在 Y 发生的条件下，X 发生的概率。它是贝叶斯公式的主角。

是不是觉得距离完全了解条件概率还差那么一点点儿？上文我们一起了解了出题老师的心路历程，现在还是继续请这位出题老师补上这最后的一点点吧。

我们用 $P(\text{D})$ 代表选项D为错误选项的概率，在正确答案均匀分布时，概率值为25%。那么 $P(\text{D}|\text{C})$ 就代表选项C为错误选项时，D为错误选项的概率。这与单纯的 $P(\text{D})$ 有什么不同呢？别忘了，这位老师有一点癖好，选择了C为错误选项之后，会顺手把D也作为错误选项。现在的已知条件是选项C已经确定是错误选项了，在这种前提条件下，选项D是错误选项的概率，也即 $P(\text{D}|\text{C})$ 的值就远远超过了25%。这就是条件概率的意义。

对于条件概率，我还要多说一点儿。前面我们说线性模型是“钢铁直男”的典范，相比之下，条件概率以及后面的贝叶斯公式就是“直男们”理解少女之心的一把钥匙。

贝叶斯的基本逻辑

作为理科生或者程序员，引以为傲的除了身上的格子衬衫外，我们还有一样很重要的就是逻辑思维，对于很多事，譬如一些女生的流行观点，我们似乎天然地就喜欢抛出一句“真没逻辑”的评价，这也为我们自己挣得了“凭实力单身”的美誉。如果你也是这样的，那么你需要好好了解一下贝叶斯公式的基本思想。

贝叶斯公式的核心是条件概率，譬如 $P(B|A)$，就表示当 A 发生时，B 发生的概率，如果 $P(B|A)$ 的值越大，说明一旦发生了 A，B 就越可能发生。两者可能存在较高的相关性。

相关性就是贝叶斯公式要表达的哲学，明白了这一哲学，对于很多事情，特别是女生的流行观点，我们将豁然开朗。譬如很多男生都曾经被女朋友要求在节日送礼物，而理由多半是这么一句话：“我不是在乎礼物，而是在乎你用不用心。”很多男生想不明白：你要我送礼物，又说不在乎礼物，这是什么逻辑？

那么这里我要说：女生说的是有逻辑的！只不过与男生不一样，男生的逻辑偏重因果性，女生的逻辑偏重相关性。因果性很简单，就是 $A \rightarrow B$，但如果 A 和 B 满足相关性，情况则要复杂一些，譬如最经典的数据挖掘案例“尿布和啤酒”，年轻的爸爸会在买尿布的时候顺便买啤酒，这时尿布和啤酒就呈相关性，如果我们用 $P(\text{尿布})$ 来表示买尿布的概率的话，一旦 $P(\text{尿布})$ 的值增加，那么 $P(\text{啤酒}|\text{尿布})$ 的值也会增加。其意义是，当尿布的销量增加时，啤酒的销量也会增加，这就是相关性，但相关性不是因果性，二者虽然同时增长，但并不存在因果关系。

明白了这一点，男生就能明白女生的逻辑。对于“我不是在乎礼物，而是在乎你用不用心”这句话，我们用公式可以表达如下：

$$P(\text{用心} \mid \text{送礼物})$$

那么，根据贝叶斯公式，当送礼物的发生概率越大，也即 $P(\text{送礼物})$ 的值越大，$P(\text{用心} \mid \text{送礼物})$ 的值也就越大，也就表示你对这个女生越用心。这就是女生怎样利用相关性，通过送礼物来考察你是否用心。

好了，我们大致解释了贝叶斯公式。最后要说的是，相关性是建立在统计数据的基础之上的，所以“送礼物”和“用心”到底是否具有相关性，还需要进行社会学的调查。

6.1.3 用贝叶斯公式进行选择

如果你已经熟悉机器学习算法的套路，一定已经从上面对条件概率的描述中“闻”到了预测的味道。贝叶斯公式预测的核心思想就 5 个字——“看起来更像”。

在贝叶斯看来，世界不是静止和绝对的，而是动态和相对的，希望利用已知经验来进行判断。用“经验”进行“判断”，经验怎么来？有了经验怎么判断？一句话实际包含了两轮过程。

第一轮的分级：是已知类别而统计特征，即某一特征在该类中的出现概率，是把类别分解成特征概率的过程。

第二轮的还原：是已知特征而推测类别，这里将第一轮的结果用上，是把知道统计情况的特征还原成某一类的过程。

说到这里，就不能不提“先验”和“后验”了，这两个词儿看起来相当哲学，也确实是康德的《纯粹理性批判》中的主角。对于这里的“验”，主张认知的人将其解释成经验，主张实践的人将其解释成“实验”，在我看来，先验和后验不妨认为是两位诸葛亮，先验这位是事前诸葛亮，后验这位是事后诸葛亮。就以空城计来说，诸葛亮布阵的时候，是根据司马懿一贯的个性，断定他不敢进城，这是先验。等到司马懿真的来了，在城下犹豫不决，要退不退，诸葛亮一看就知道事妥了，这是后验。

贝叶斯版的预测未来

先验和后验是怎么用于预测的呢？这里我想展示一下我在中学时学会的看发型猜女同学的“技术”。假设我的班上一共有 10 位女同学，其中一位叫安吉利，中学时女生个子都差不多高，又穿着一样的校服，光看背影猜中谁是安吉利的概率是 10%，基本靠蒙了，这就是先验概率，先记作 P(安吉利)。但是有一天我突然发现，安吉利同学特别喜欢扎马尾，不过扎马尾又不是什么独占的发明专利，而且这个年龄阶段的女孩子又都爱扎马尾，所以，不是所有扎马尾的女同学都叫安吉利。

怎么办呢？我又利用上课的时间统计了一下，班上女同学一共有三种发型，扎马尾的概率大概为 30%，记作 P(马尾)。而安吉利同学真的非常喜欢扎马尾，她扎马尾的概率高达 70%，记作 P(马尾 | 安吉利)。这里我们用上了前面介绍的条件概率，P(马尾 | 安吉利) 的意思是，在女同学是安吉利的前提条件下发型是马尾的概率，在贝叶斯公式中这又称为似然度（Likelihood）。有了这三个统计数据，我心里就有底了，往后见到扎马尾的女同学，有两成多的概率就是我们的安吉利。

其中的奥秘就是贝叶斯公式。也许你已经察觉，扎马尾的女同学中她是安吉利的概率也是一种条件概率，记作 P(安吉利 | 马尾)，这就是后验概率。根据贝叶斯公式，我们有：

$$P(\text{马尾})\cdot P(\text{安吉利}\mid\text{马尾})=P(\text{安吉利})\cdot P(\text{马尾}\mid\text{安吉利})$$

代入我们牺牲宝贵的上课时间得到的统计数据，则可算出：

$$P(\text{安吉利}\mid\text{马尾})=10\%\times 70\%/30\%=23.3\%$$

前面我们说，用先验和后验进行选择判断要分成两个阶段，现在有了似然度就好解释了。先验概率是已经知道的，而我们通过经验或实验要了解的就是这个似然度，知道似然度再加上先验，我们就能知道后验概率了。

可惜的是，虽然贝叶斯公式能够告诉我谁是安吉利，但是它没办法告诉我。为什么安吉利同学会对马尾如此执迷。

6.2　朴素贝叶斯分类的算法原理

6.2.1　朴素贝叶斯分类算法的基本思路

上面聊到我怎么猜女同学的时候，大家多半顾着关心女同学了，反而忽略了怎么猜。其实，回味一下这个故事你就会发现，若把“扎马尾”看作女同学数据样本的一种特征，把“是不是安吉利”看作分类问题的话，这个故事其实已经完整地介绍了怎么用贝叶斯公式解决分类问题的基本思路。

可惜的是，造化总是弄人，再美好的故事也要败给现实环境。先从一个最简化的例子看分类问题。假设有两个类：C_1 和 C_2，C_1 有特征 A 和 B，C_2 有特征 A 和 C，请问怎么区分这两个类？很简单，看看是否存在 B，存在就是 C_1，否则就是 C_2。

现在可以让“复杂的现实环境”进来捣乱了。现在问题变得复杂一点儿，在 100 个 C_1 样本中，样本出现特征不稳定的现象，只有 70% 的样本拥有特征 B，怎么办？确实复杂了一点儿，但也有办法，可以看看是否具有特征 C 来进行排除。

不错，不过这只是开胃小菜。“复杂的现实环境”又稍微热了下身，让剩下 30% 的样本拥有了特征 C。你感觉这下子恐怕是不能用简单的判断进行分类了，不过多加判断也许还能抗得住。然而，这只是开始，现实的特征可能成百上千个，类与类的特征更是我中有你、你中有我，这种犬牙交错的形势如果要纯手工写判断，恐怕手腕是要罢工起义的——好在我们有统计。

有人会误解，觉得统计是计数的罗列，或者也只是对已经发生的事情进行归纳总结，认为统计工作就是给上级领导看的成绩单，不太理解这项工作的意义。我们在日常工作中确实常用“统计”这个词儿，但真的有闲暇思考为什么要统计吗？

统计，当然是一种对历史情况的归纳，但归纳的目的是为了找出规律，给预测未来提供支持。这个话题在这里先不展开，我们就以分类问题来看看统计是怎样发挥作用的。

先回忆一下，分类问题的一项样本的数据记录大概是以下这种形式：

[特征 X_1 的值，特征 X_2 的值，特征 X_3 的值，…，类别 C_1]

[特征 X_1 的值，特征 X_2 的值，特征 X_3 的值，…，类别 C_2]

这里我们先考虑简单一点儿的情况，特征值只是用 1 和 0 来表示布尔类型的有和无。那么类 C_1 大概可以表示为 01101。这是最理想的情况，现在引入“复杂的现实环境”，发现类 C_1 的部分样本为 00110，再次陷入简单逻辑无法划分的难题，那么交给统计可以怎么解决这个问题呢?

不妨反过来想，我们需要什么才能解决这个问题。前面提到概率，如果我们知道特征 X_1 值为 1 时，该样本属于类别 C_1 的概率；特征 X_2 值为 1 时，该样本属于类别 C_1 的概率，以此类推，然后最终算出该样本对于各个类的概率值，哪个概率最大就可能是哪个类。

如果你想到的是这种方法，那么恭喜你，你已经用到了贝叶斯思想。根据这个方法，我们实际要求解的就是类别 C_1 的后验概率：

$$P(\text{类别 } C_1 | \text{特征 } X_1，\text{特征 } X_2，\text{特征 } X_3，\cdots)$$

这个式子的意思是，在特征 X_1、特征 X_2、特征 X_3 等共同发生的条件下，类别 C_1 发生的概率。我们已经知道，可以通过似然度来求得后验概率。某个特征的似然度表示如下：

$$P(\text{特征 } X | \text{类别 } C_1，\text{特征 } X_2，\text{特征 } X_3，\cdots)$$

朴素 + 贝叶斯

不过，如果特征很多的话，要收集这些特征共同发生的情况并不容易。这时，我们就需要请出本章的主角——朴素贝叶斯。

贝叶斯公式我们已经了解了，那么什么是朴素贝叶斯呢?“朴素”这个词我们都知道，但不太容易直观地描述，更不知道与贝叶斯公式有什么关系。在我们的一般印象中，

“朴素”通常用来形容“简单”，不过与眼下许多商家刻意营造的“极简风”不同，朴素是一种不添加其他额外修饰的简单。在这里，“朴素”是英文 naive 的中文翻译。相比之下，naive 我们反而更熟悉，如果一个人单纯得近乎天真，我们就会评价这个人“naive”。

那么，“朴素”和八竿子打不着的“贝叶斯”又是怎么凑在一起的呢？我们常说，人心很难懂，世界很复杂，所以，统计对象之间的关系也自然可能是相关的，可能是不相关的；相关的话，可能是正相关，也可能是负相关，相关的程度还有强弱……总之其中关系千丝万缕，甚至千奇百怪。可这样一来要一一弄清楚，调查难度很大，计算难度更大，这里我们为了利用贝叶斯公式计算，就很“朴素”地认为，或者说很“naive”地认为特征之间都是彼此独立的，使得贝叶斯公式的计算可以大大简化。

6.2.2　朴素贝叶斯分类算法的数学解析

也许你已经感觉到，朴素贝叶斯分类算法虽然也是一种基于数学理念的分类算法，但这种数学理念来自于统计，源自于生活，感觉非常接地气，主要的数学符号和公式在前面其实已经介绍了，本节将结合数学式子，争取说清楚朴素贝叶斯到底“朴素”在哪里。

首先回顾一下贝叶斯公式。

$$P(y|x)=\frac{P(y)P(x|y)}{P(x)} \tag{6-1}$$

式子涉及两种形式，$P(A)$ 这种形式的意思为 A 出现的概率，而 $P(A|B)$ 这种形式称作条件概率，为在 B 出现的条件下 A 出现的概率。在贝叶斯公式中 $P(y)$ 称为先验概率，$P(y|x)$ 称为后验概率，而 $P(x|y)$ 则称作似然度。似然度也是朴素贝叶斯分类算法所需要“学习”的对象。

现在我们把 y 看作某个类，而把 x 当作特征，相应的贝叶斯公式为：

$$P(y|x_1,\cdots,x_n)=\frac{P(y)P(x_1,\cdots,x_n|y)}{P(x_1,\cdots,x_n)} \tag{6-2}$$

现在面临的困难在于数据采集总是有缺失和不全，所以特征 x 越多，这两个问题就会越突出，要统计这些特征同时出现的概率就越困难。

为此，朴素贝叶斯做了一个“朴素”的假设，即特征与特征之间是相互独立、互不影响的。如此一来，式子就能化简。某个特征的似然度就可以简化为：

$$P(x_i|y,x_1,\cdots,x_{i-1},x_{i+1},\cdots,x_n)=P(x_i|y) \tag{6-3}$$

可以看出，在“朴素”的假设条件下，要取得某个特征的似然度就简单很多。机器学习和统计中经常使用这种简化技巧，避免处理过于复杂的情况，其他比较知名的应用例子还包括马尔可夫链。

在“朴素”的假设条件下，求后验概率也变得简单，可以用以下方法：

$$P(y|x_1,\cdots,x_n)\propto P(y)\prod_{i=1}^{n}P(x_i|y) \tag{6-4}$$

你可能注意到，这里没有采用等号，而是使用了一个“$\propto$”符号。这是“正比于”的意思。为什么只需要“正比于”而不必“等于”呢？这与朴素贝叶斯算法的学习目标有关。

朴素贝叶斯算法利用后验概率进行预测，核心方法是通过似然度预测后验概率，而学习的过程就是不断提高似然度的过程。既然后验概率已经正比于似然度，那么提高似然度的同时，自然也就达到了提高后验概率的目的。这也是为了更方便实用而进行简化的例子。与后验概率的完整等式比较可知，如果采用等式，就仍然需要统计特征共同出现的概率：

$$P(y|x_1,\cdots,x_n)=\frac{P(y)\prod_{i=1}^{n}P(x_i|y)}{P(x_1,\cdots,x_n)} \tag{6-5}$$

上式出现了一个有点像安全出口的符号“$\prod$”，不过这不是什么出口，这是连乘号，有了这个符号，A_1、A_2、A_3、…、A_n几个元素相乘，就可以简写为$\prod A_i$，不必再写成长长的一串了。在概率里，相乘意味着求两个事件同时发生的概率，连乘就是这几个事件共同发生的概率。

朴素贝叶斯的优化方法

朴素贝叶斯的数学背景基本就这么多了，你可能会疑惑：怎么本章没看见“老熟人”假设函数和损失函数呢？这与朴素贝叶斯算法的学习过程有关。朴素贝叶斯算法与其说是学习什么，不如说是要查找一个统计结果，通过比较不同特征与类之间的似然关系，最后把似然度最大的那个类作为预测结果。用数学表达式来描述也许更清楚：

$$\hat{y} = \arg\max_{y} P(y)\prod_{i=1}^{n} P(x_i|y) \tag{6-6}$$

先介绍$\arg\max_{y}$这个符号，样子像是在求最大符号max前面加了串字母“arg”，这是“参数”的英文简写。argmax符号也确实与参数有关，意思是参数取得什么值时，这个函数才能达到最大值，返回的是这个参数的值。譬如这里的$\arg\max_{y}$，意思就是后面的$P(y)\prod_{i=1}^{n} P(x_i|y)$达到最大值时，$y$的取值是多少。

我们知道，这里的y代表的是类，每个类与特征的似然度，即$P(x_i|y)$是不同的。在这个表达式中，$P(y)$也即先验概率是一个固定的值，要使表达式总体结果最大，只能依靠$P(x_i|y)$。不妨把统计数据看成是一张大表格，学习算法的工作就是从中找到$P(x_i|y)$值最大的那一项。该项的y是什么，最终的预测结果就输出什么。

可以看出，朴素贝叶斯算法其实是一次查表的过程，而不是过往的迭代逼近，因此也就不再需要驱动迭代逼近过程的假设函数和损失函数。不过，在概率的世界，什么样的结论都是需要以某种数据分布情况为前提的。在部分情况如正态分布下，$P(x|y)$的值可

以构成一个函数，称为似然函数（Likelihood Function），可以通过调整参数来表示不同的似然度。在这种情况下，就又可以采用迭代逼近的方法了，与之对应的优化方法叫作极大似然估计（Maximum Likelihood Estimate，MLE）。

6.2.3　朴素贝叶斯分类算法的具体步骤

朴素贝叶斯分类算法是一种有监督的分类算法，输入同样为样本特征值向量，以及对应的类标签，输出则为具有分类功能的模型，能够根据输入的特征值预测分类结果。具体如表 6-1 所示。

表 6-1　朴素贝叶斯分类算法信息表

算法名称	朴素贝叶斯分类	
问题域	有监督学习的分类问题	
输入	向量 $\boldsymbol{X}$，向量 $\boldsymbol{Y}$	向量 $\boldsymbol{X}$ 的含义：样本的多种特征信息值 向量 $\boldsymbol{Y}$ 的含义：对应的结果数值
输出	预测模型，为线性函数	模型用法：输入待预测的向量 $\boldsymbol{X}$，输出预测结果向量 $\boldsymbol{Y}$

使用朴素贝叶斯分类算法，具体需要三步：

1）统计样本数据。需要统计先验概率 $P(y)$ 和似然度 $P(x|y)$。

2）根据待预测样本所包含的特征，对不同类分别进行后验概率计算。譬如总的特征有 A、B、C 三项，但待测样本只包含 A、C 两项，那 y_1 后验概率的计算方法就为 $P(y_1)P(A|y_1)P(B|y_1)$。

3）比较 y_1，y_2，…，y_n 的后验概率，哪个的概率值最大就将其作为预测值输出。

6.3　在 Python 中使用朴素贝叶斯分类算法

在 Scikit-Learn 库中，基于贝叶斯这一大类的算法模型的相关类库都在 sklearn.naive_bayes 包之中。根据似然度计算方法不同，朴素贝叶斯也分成几个具体的算法分支。对于本文主要介绍的多项式朴素贝叶斯（Multinomial Naive Bayes），该类在 naive_bayes 包中为 MultinomialNB。除此之外，还包括伯努利分布朴素贝叶斯的类 BernoulliNB、高斯分布朴素贝叶斯的类 GaussianNB 等一共 4 种子算法类。

本章所介绍的朴素贝叶斯分类算法可以通过 MultinomialNB 类调用使用，用法如下：

```
from sklearn.datasets import load_iris
# 从 Scikit-Learn 库导入朴素贝叶斯模型中的多项式朴素贝叶斯分类算法
from sklearn.naive_bayes import MultinomialNB
# 载入鸢尾花数据集
X, y = load_iris(return_X_y=True)
# 训练模型
clf = MultinomialNB().fit(X, y)
# 使用模型进行分类预测
clf.predict(X)
```

预测结果如下：

```
array([0, 0, 0, 0, 0, 0, 0, 0, 0, 0, 0, 0, 0, 0, 0, 0, 0, 0, 0, 0, 0, 0,
       0, 0, 0, 0, 0, 0, 0, 0, 0, 0, 0, 0, 0, 0, 0, 0, 0, 0, 0, 0, 0, 0,
       0, 0, 0, 0, 0, 0, 1, 1, 1, 1, 1, 1, 1, 1, 1, 1, 1, 1, 1, 1, 1, 1,
       1, 1, 2, 1, 2, 1, 2, 1, 1, 1, 1, 1, 1, 1, 1, 1, 1, 2, 1, 1, 1, 1,
       1, 1, 1, 1, 1, 1, 1, 1, 1, 1, 1, 1, 2, 2, 2, 2, 2, 2, 2, 2, 2, 2,
       2, 2, 2, 2, 2, 2, 2, 2, 2, 2, 2, 2, 2, 2, 2, 2, 2, 2, 2, 1, 2, 1,
       2, 1, 2, 2, 2, 2, 2, 2, 2, 2, 2, 2, 2, 2, 2, 2, 2, 2])
```

使用默认的性能评估器评分：

```
clf.score(X,y)
```

性能得分如下：

```
0.9533333333333334
```

6.4 朴素贝叶斯分类算法的使用场景

朴素贝叶斯分类算法实现简单，原理好懂，而且有统计学概率论作为其坚实的数学基础，为算法的可靠度背书，同时它还具有良好的可解释性，特别适合非常看重“知道为什么要这么干”的场合。

在实践当中朴素贝叶斯分类算法的表现也很出色，虽然它“朴素”地预设了前提条件，但工作情况良好，特别是在垃圾邮件筛选方面有着不凡的表现。此外，对于文本分类，如该新闻是属于时事、体育还是娱乐，采用朴素贝叶斯分类往往能取得较好的结果。

但与此同时，朴素贝叶斯分类算法也存在着局限性，它是否能很好地完成工作，主要还是与背景数据分布密切相关。如果分布情况与朴素的假设冲突，如特征之间具有较明显关联性时，就不适合使用朴素贝叶斯算法了。

该算法的特点总结如表 6-2 所示。

表 6-2　朴素贝叶斯分类算法特点

优点	运用了统计学成熟的理论，可解释性强，对于大规模数据集训练效率较高
缺点	对数据样本的特征维度作了“彼此独立”的假设，如果实际情况并非如此则可能导致预测偏差增加
应用领域	常用于垃圾邮件分类，以及其他文本分类

算法使用案例

Gmail 是一款非常知名的电子邮箱服务，其中面临的一大问题就是垃圾邮件问题，在最开始时，用户的 Gmail 邮箱一旦泄露，就会收到大量垃圾邮件，非常影响用户体验。现在 Gmail 已经开发出一项功能，能够自动识别和过滤垃圾邮件，所用的方法就是朴素贝叶斯算法，通过发件者、邮件内容出现的单词或词组等相关信息，判别用户收到的一封邮件是否属于垃圾邮件。业界普遍认为朴素贝叶斯算法用于垃圾邮件识别能够取得良好效果。

CHAPTER 7

第 7 章

决策树分类算法

决策树分类算法是一款应该引起程序员高度重视的算法。准确来说，决策树分类算法不是“一款”算法，而是“一类”算法，这类算法都有着类似的树形结构，特别是都有着对程序员特别友好的分类思想——采用类似 if-else 的条件判断逻辑进行分类。如果你就是程序员，那么思维逻辑与你不谋而合的决策树算法理应引起你的注意，但更需要注意的是，当前在各类机器学习比赛中“刷榜”的机器学习算法模型，除了独树一帜的深度学习，一定都离不开决策树算法。本章将介绍决策树分类算法如何通过节点划分完成分类，并对决策树算法的重点和难点——纯度度量进行着重说明。

7.1 决策树分类：用“老朋友”if-else 进行选择

本章要介绍的决策树（Decision Tree）分类算法可能是最符合程序员审美的一款机器学习算法，同时又是一款具有江湖地位的分类算法。江湖地位何来？现在随便参加一场数据分析比赛，但凡排名靠前的算法，除了深度学习系列，剩下的机器学习算法一定都是选用 XGBoost 算法或者 Lightgbm 算法。在前些年 XGBoost 算法刚推出来的时候，那真是“卷卷有爷名”，不但冠军肯定是用 XGBoost 算法，连名列前茅的也都清一色用 XGBoost 算法，说数据分析比赛完全被 XGBoost 算法统治了也不为过。然而，无论是 XGBoost 算法还是 Lightgbm 算法，基石都是本章要介绍的决策树分类算法。

虽然决策树算法的江湖地位很高，但原理却十分简单，如果你恰好是程序员，则只要一句话就能把决策树介绍完：就是 if-else 层层相套。其实这层关系从算法名称中就能看出来。决策树是机器学习算法中为数不多名字起得“信达雅”的算法，算法的原理光看名字就能看出来。我们在编程中把 if-else 称为判断结构，而决策树里的“决策”和这里的“判断”是一个意思。

为什么还要给它加上“树”这么个生机盎然的名字呢？因为这套算法正是数据结构中典型的树形结构。决策树算法其实不是一种机器学习算法，而是一类机器学习算法，或者是一种机器学习算法的框架，它们的共同特点是都采用了树形结构，基本原理都是用一长串的 if-else 完成样本分类，区别主要在纯度度量等细节上选择了不同的解决方案。

那么决策树分类算法作为机器学习算法的一种，需要学什么呢？也很简单，代码中的 if-else 是由程序员编写的，而决策树的 if-else 需要通过数据集学习，然后自行生成。如何选择判断条件来生成判断分支是决策树算法的核心要点，有人称之为节点划分，也有人称之为节点分裂，指的都是生成 if-else 分支的过程。

最后，我想解释一下为什么认为决策树算法是机器学习中最符合程序员直觉的算法。这得从一个笑话说起：有位妻子交代她的程序员丈夫出去买五个包子，临出门时又补了一句说“见到西瓜就买一个”。过了一会儿丈夫回来了，手里只拎着一个包子。妻子不解：为什么只买一个包子，不是要你买五个吗？丈夫想也不想就回答：对呀，可是你还说了见到西瓜就买一个嘛！

据说这还是一个只有程序员才能看懂的笑话，大概大家都认为只有程序员才会把 if-else 这套判断逻辑贯彻得如此“走火入魔”。也许在代码中敲 if-else 的时候，这套逻辑也同时植入了程序员的灵魂深处。那么下面就让我们以同样把 if-else 植入“灵魂”深处的决策树为切入点，尝试着理解程序员的选择方式吧。决策树有以下重点概念，请在文中加以关注：

- 决策树的分类方法
- 分支节点划分
- 纯度度量

7.1.1 程序员的选择观：if-else

在开始之前，以防万一我们先用两句话介绍什么是 if-else，以及 if-else 为什么能够进行分类。现在市面的编程语言已经达到了惊人的六百种，语法五花八门，但总有一些经典的语句如判断语句会在各种编程语言中出现。判断语句通常表示为“ if-else”，if 后跟判断条件，如果判断为真，也即满足条件，就执行 if 的执行体，否则转为执行 else 的执行体。可以简单地把“if-else”当作“如果满足条件就……，否则……”来理解。

当然，if-else 还有许多语法糖，这里只需要知道 if-else 有两个特性：一是能够利用 if-else 进行条件判断，但需要首先给出判断条件；二是能无限嵌套，也就是说在一套 if-else 的条件执行体中，能够再嵌套另一套 if-else，一层一层地无限嵌套下去。

好了，你已经知道了 if-else 可以进行条件判断，现在给你一套数据集，你要怎样使用 if-else 来完成样本分类呢？

我们还是从最简单的二元分类问题开始吧。假定待分类的数据集中每个样本都有 A、B、C 三个特征维度，每个特征维度当然还可能有不同的赋值，这里我们为了简便，假定每个特征只有“是”和“否”两种赋值，请你完成二元分类。数据集如表 7-1 所示。

表 7-1 二元分类数据集数值表

编号	A	B	C	类别
1	是	是	是	正
2	是	是	否	负
3	否	是	是	负
4	是	否	是	负
5	否	否	否	负

二元分类的任务是判断给定样本属于正类还是负类，而判断的依据只能根据样本的各个特征维度的值。对数据集进行简单分析后我们发现，只有在 A、B、C 三个特征维度值都为“是”的情况下，样本才为正类，只要出现一个“否”，样本都被归为负类。那么，用 if-else 进行判别的算法的伪代码大概是这样的：

```
if ( 特征A的值为“是” ):
    if ( 特征B的值为“是” ):
        if( 特征C的值为“是” ):
            类别 = 正类
        else:
            类别 = 负类
    else:
        类别 = 负类
else:
    类别 = 负类
```

把上面的伪代码画成流程图，就能明显看到一棵典型的二叉树，决策树里的“树”指的就是这种形状结构（见图 7-1）。

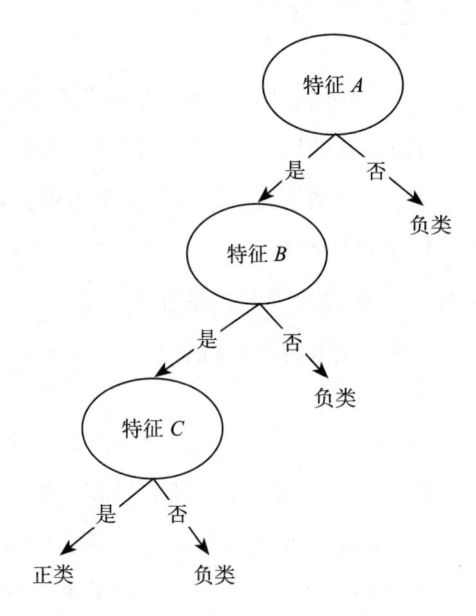

图 7-1　二叉决策树的树形结构图

通观 if-else 进行分类的整个过程，可以看到大致分为三步：首先以特征维度作为判断条件，然后构建其树形结构，最后一层一层地进行判断。这个过程非常类似决策树的分类过程，与伯乐相马的故事也有异曲同工之妙：

“有高额头吗？”

“有。”

“有亮亮的眼睛吗？”

“有。”

“有大马蹄吗？”

“有。”

……

相传满足上述条件，就是千里马，也就是经过“伯乐”决策树分类后的典型样例。不过，要将这套判别流程实际用于机器学习的分类问题，还需要跨越几个难关。

7.1.2　如何种植一棵有灵魂的“树”

前面我们尝试用判断语句if-else构造了一棵可以决策的树，解决了二元分类问题。但很抱歉，刚刚种好的这棵可以决策的树并不是决策树，因为它没有“灵魂”。在编程中，if-else所依赖的判断条件是由程序员来填写，但在机器学习里，我们能做的只有两件事，第一件事是选择模型，第二件事是往模型“嘴”里塞数据，剩下的就只能坐在一旁干着急。上面这棵可以决策的树得依靠我们把判别条件填进去，它要想成为真正的决策树，就得学会怎样挑选判别条件。这是决策树算法的灵魂，也是接下来需要重点探讨的问题。

第一个要紧问题就是：判别条件从何而来呢？分类问题的数据集由许多样本构成，而每个样本数据又会有多个特征维度，譬如学生资料数据集的样本就可能包含姓名、年龄、班级、学号等特征维度，它们本身也是一个集合，我们称为特征维度集。数据样本的特征维度都可能与最终的类别存在某种关联关系，决策树的判别条件正是从这个特征维度集里产生的。

部分教材认为只有真正有助于分类的才能叫特征，原始数据里面的这些记录项目只能称为属性（Attribute)，而把特征维度集称为属性集，所以在这些教材中，决策树是从称为树形集的集合中选择判别条件。这里为了保持本书用语的连贯性，我们仍然称之为“特征维度”。当然，这只是用语习惯上的不同，在算法原理上是没有任何区别的。

7.1.3 决策条件的选择艺术

解决了判别条件的来源问题，反而带来了更多问题。特征维度集里通常都不止一个元素，譬如上面的二元分类问题，它的特征维度集就包括了 A、B、C 一共 3 个元素，哪一个才是我们当前的 if-else 所需要的判别条件呢？

生活经验告诉我们：挑重要的问题先问。决策树也确实是按这个思路来选择决策条件的。思考这个问题，可以从"怎样才算是好的决策条件"开始。决策树最终是要解决分类问题，那么最理想的情况当然是选好决策条件后，一个 if-else 就正好把数据集按正类和负类分成两个部分。

不过，现实通常没有"一刀切"这么理想，总会有一些不识时务的样本"跑"到不属于自己的类别里，我们退而求其次，希望分类结果中这些不识时务的杂质越少越好，也就是分类结果越纯越好。

依照这个目标，决策树引入了"纯度"的概念，集合中归属同一类别的样本越多，我们就说这个集合的纯度越高。每一次使用 if-else 进行判别，二元分类问题的数据集都会被分成两个子集，那么怎么评价分类的效果呢？可以通过子集的纯度。子集纯度越高，说明杂质越少，分类效果就越好。

其实准确来说，决策树是一类算法，或者说是一套算法框架，并不只是单一一种算法。决策树分类算法都有着十分相近的算法思想，但同样存在着细节上的不同，主要就体现在怎样衡量纯度上。

节点纯度的度量规则

也许因为"好种易活"，使用决策树这套框架的分类算法有很多，其中最著名的决策树算法一共有三种，分别是 ID3、C4.5 和 CART，这三种决策树算法分别采用了信息增益、增益率和基尼指数这三种不同的指标作为决策条件的选择依据。

三种指标具体的数学表达式将在数学介绍部分再慢慢细聊，这里想要告诉你的是，虽然三种决策树算法分别选择了三种不同的数学指标，但这些指标都有一个共同的目的：提高分支下的节点纯度（Purity）。

这个突然冒出来的“节点纯度”又是什么呢？别担心，这是一个非常简单的描述性概念。决策树算法中使用了大量二叉树进行判别，在一次判别后，最理想的情况就是二叉树的一个分支纯粹是正类，另一个分支纯粹是负类，这样就意味着完整和准确地完成了一次分类。但大多数的判别结果都没有这么理性，所以一个分支下会既包含正类又包含负类，不过我们希望看到的是一个分支包含的样本尽可能地都属于同一个类，也就是希望这个分支下面的样本类别越纯越好，所以用了“纯度”来进行描述。纯度有三点需要记住：

- 当一个分支下的所有样本都属于同一个类时，纯度达到最高值。
- 当一个分支下样本所属的类别一半是正类一半是负类时，纯度取得最低值。
- 纯度考察的是同一个类的占比，并不在乎该类究竟是正类还是负类，譬如某个分支下无论是正类占70%，还是负类占70%，纯度的度量值都是一样的。

纯度的度量方法

我们已经了解了一些机器学习算法的“套路”，知道任何一项指标都需要量化度量方法。上面提出了三点对纯度的要求，只相当于客户提出了业务需求，接下来我们的任务就是要找到一种满足纯度达到最大值和最小值条件的纯度度量函数，它既要满足这三点需求，又要能作为量化方法。

现在让我们把这三点要求作成图像（可视化的图像有助于更直观地理解），同时，如果我们能够找到一款函数符合这个图像，就等于找到了符合条件的函数。我们约定所作图像的横轴表示某个类的占比，纵轴表示纯度值，首先来分析极值点的位置。

根据第一点要求，某个类占比分别达到最大值和最小值时，纯度达到最高值。最大值好理解，为什么最小值也能令纯度达到最高？可以反过来想，这个类取得最小值时，另一个类就取得了最大值，所以纯度也就最高。根据分析，我们知道了纯度将在横坐标的头尾两个位置达到最大值。

根据第二点要求，纯度的最小值出现在某个类占比为 50% 的时候。换句话说，当横坐标为 0.5 时，纯度取得最低值。

现在可以作出图像了。根据上述分析的纯度最高值和最低值随类占比的变化情况，我们用一条平滑的曲线连接起这三个点，则所作出来的图像应该类似一条微笑曲线（见图 7-2）。

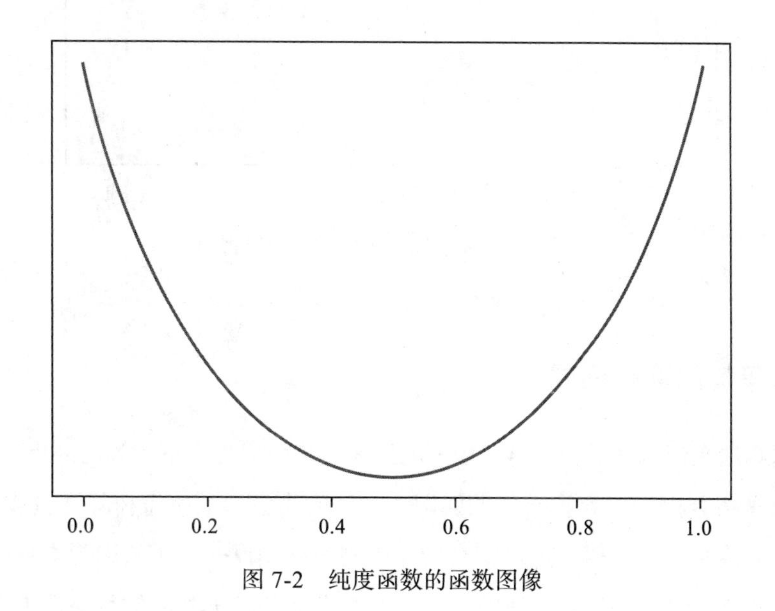

图 7-2 纯度函数的函数图像

不过我们在机器学习中更喜欢计算的是“损失值”，那么对纯度度量函数的要求正好与纯度函数的要求相反，因为纯度值越低意味着损失值越高，反之则越低。所以纯度度量函数所作出来的图像正好相反（见图 7-3）。

这就是度量纯度函数所作出来的图像。信息增益、增益率和基尼指数这三种指标虽然在数学形式上看着不同，但作为决策条件的选择依据，所作出来的图像大概都是类似图 7-3 中的“半只鸡蛋”。

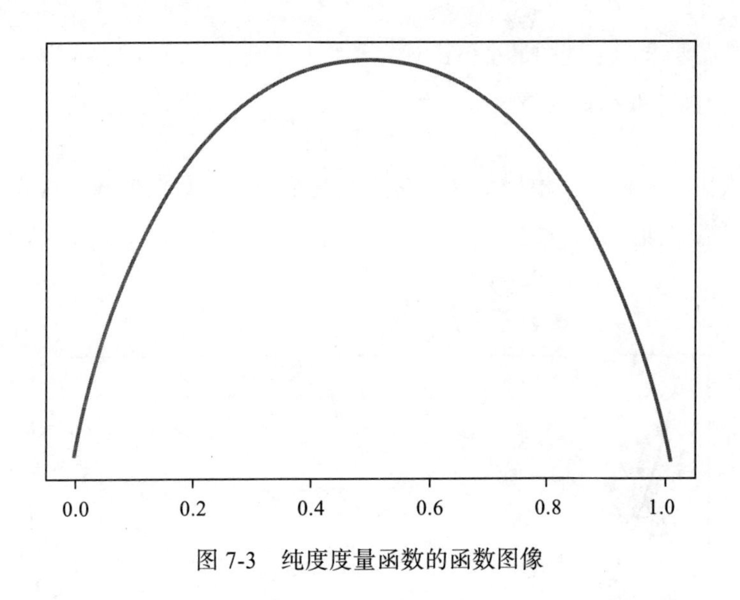

图 7-3　纯度度量函数的函数图像

7.1.4　决策树的剪枝问题

决策树算法兴起以后，剪枝算法也随之发展起来，成为决策树算法的重要组成部分。过拟合是决策树分类算法容易出现的问题，这个问题会影响决策树算法分类的有效性。都说细节决定成败，决策树出现过拟合的原因则正好相反——正是因为太抠细节。经过前面的讨论我们已经约略知道，决策树会根据数据集的各个维度的重要性扩充 if-else 分支，这个扩充工作会一直持续下去，直到满足停止条件。其中有两个停止条件涉及属性维度，其中一个停止条件是可供进行分支判断的属性维度已经全部用完，在这种停止条件下决策树很容易出现过拟合的情况。

这是因为训练集数据可能出现“假性关联”的问题。每个数据集都会有各种各样的属性维度，总会出现一些属性维度与样本分类实际上并不存在关联关系的情况。在使用决策树算法时，最理想的情况是这些不相关属性维度通常都会留到最后，要么是样本已经依赖前面有效的属性维度划分完毕，要么是剩余样本在这些无关属性下表现完全一样而无法继续依赖现有属性来形成判断分支。但现实是可能由于各种原因，如数据集收集片面或随机扰动等，导致数据出现了假性关联，那么这些实际无效的属性维度就会被决策树算法当作有效的分支判断条件。用这种存在假性关联数据集训练得到的决策树模型就会出现过度学习的情况，学到了并不具备普遍意义的分类决策条件，也就是出现过拟合，导致决策树模型的分类有效性降低。

知道决策树容易患过拟合的毛病，当然就得开出相应的药方以解决问题，剪枝算法应运而生。“剪枝”这个术语名字很形象，如同园林里的树木经过修剪枝条后会更具观赏价值，给决策树剪枝也是为了提高决策树算法分类的有效性。具体的剪枝算法有很多款，但根据剪枝操作触发时机的不同，基本可以分成两种，一种称为预剪枝，另一种称为后剪枝。

所谓预剪枝，即在分支划分前就进行剪枝判断，如果判断结果是需要剪枝，则不进行该分支划分，也就是还没形成分支就进行“剪枝”，用我们更常用的说法即将分支“扼杀在萌芽状态”。所谓后剪枝，则是在分支划分之后，通常是决策树的各个判断分支已经形成后，才开始进行剪枝判断。后剪枝可能更符合我们日常中对“剪枝”一词的理解。

无论预剪枝还是后剪枝，剪枝都分为剪枝判断和剪枝操作两个步骤，只有判断为需要剪枝的，才会实际进行剪枝操作。看来这个剪枝判断是防止决策树算法过拟合的重点了，会不会很复杂呢？剪枝判断是各款剪枝算法的主要发力点，很难一概而论，但总的来说就是遵从一个原则：如果剪枝后决策树模型的分类在验证集上的有效性能够得到提高，就判定为需要进行剪枝，否则不剪枝。请注意，这里剪枝所使用的数据集不再是训练模型所使用的训练集，而是选择使用验证集来进行相关判断。

剪枝操作则要简单得多，也十分形象。预剪枝是不让分支生成，并没有实际“剪”的这个过程。在实践中用得比较多的是后剪枝，操作也很好理解，就是把二叉树或者多叉树的“叉”给统统剪掉，也就是把子树剪成叶子节点，然后把该节点下占比最大的类当作该叶子节点的分类，这样就完成剪枝了。

举个例子，假设当前某个数据集的特征 E 被决策树算法选作分支判断条件，但在验证集，由特征 E 判断为正类的样本中实际包含了 7 个正类、4 个负类，而判断为负类的样本中实际包含了 5 个正类、3 个负类，如图 7-4 所示。

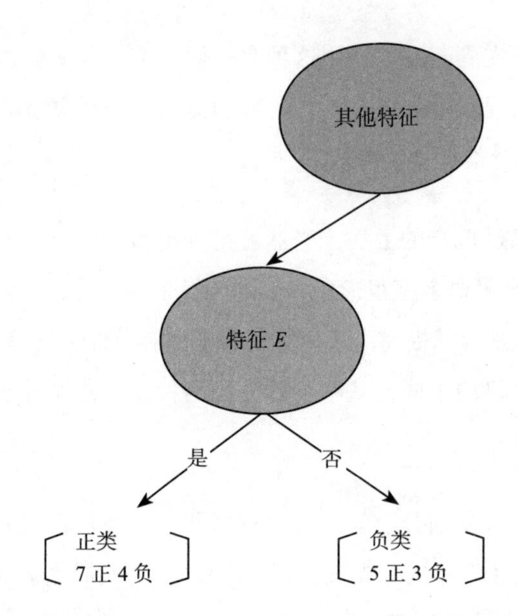

图 7-4　通过某一个“冗余”特征可能得到的分类结果

也就是在 19 个样本中，有 7 个正类、3 个负类一共 11 个样本正确分类，这时特征 E 的分类有效性为 $\frac{11}{19}$。这时如果进行剪枝，也就是把根据特征 E 划分的子树去掉，取当前集合中占比最大的类也就是正类作为当前分类，则可以将 12 个正类样本正确划分，也就是分类有效性为 $\frac{12}{19}$，剪枝后的有效性高于剪枝前的有效性，因此判断为进行剪枝。完成剪枝操作之后，分支判断变更如图 7-5 所示。

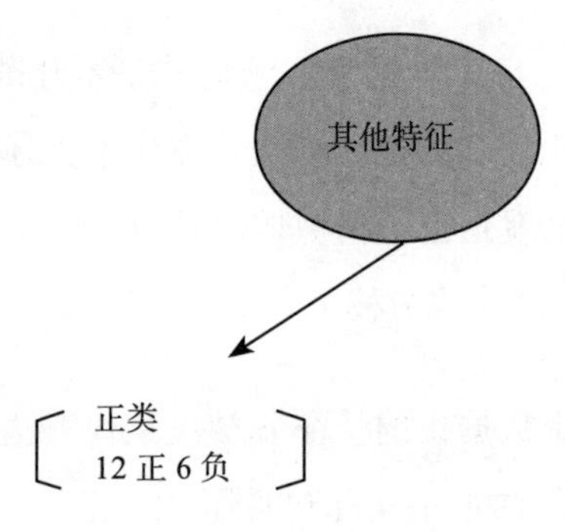

图 7-5　进行剪枝后的分类结果

7.2 决策树分类的算法原理

7.2.1 决策树分类算法的基本思路

前面已经介绍了决策树分类算法的许多重要机制，也许决策树在你脑海里已经留下了一张张或模糊或清晰的片段，在本节我们把它们都串起来，看一看决策树算法完成分类问题的完整流程。

我们已经知道，决策树算法是依靠树形结构来完成分类，而这个巨大的树形判别结构由许许多多通过 if-else 判别语句构成的分支组合而成。再巨大的树形结构也是由一个 if-else 判别分支开始的。

这时就遇到决策树的第一个问题，if-else 要进行判别，需要首先提供判别条件，那么判别条件从何而来？这个问题分为两个步骤解决。第一步是来源，数据集中的数据都是以特征维度进行组织的，这些特征维度也可以作为一个集合，称为帖子维度集，或者称为属性集。我们要发现特征维度与类别可能存在的关联关系，所以判别条件就从这个集合中来。

第二步是选择。特征维度往往有许多个，所以特征维度集也不止一个元素，那么就存在一个问题：选取哪一个特征维度作为当前 if-else 的判别条件呢？这就需要进行比较，要比较就需要有标准，所以我们引入了“纯度”的概念，哪个特征维度“提纯”效果最好，就选哪个特征维度作为判别条件。

在最开始的时候，决策树选取了一个特征维度作为判别条件，在数据结构中通常称之为“根节点”，根节点通过 if-else 形成最初的分支，决策树就算“发芽”了。如果这时分类没有完成，刚刚形成的分支还需要继续形成分支，这就是决策树的第一个关键机制：节点分裂。在数据结构中，分支节点通常称为叶子节点，如果叶子节点再分裂形成节点，就称为子树（见图 7-6）。有人也把这个过程称为递归生成子树。

叶子节点可能不断分类形成子树，正如 if-else 语句可以不断嵌套 if-else，利用这个机制，一次判别不能完全达到把数据集划分成正类和负类的效果，那就在判别结果中继续进行判别。决策树通过叶子节点不断分裂形成子树，或者说通过 if-else 不断嵌套 if-else，每一次分裂都相当于一次对分类结果的“提纯”，不断重复这个过程，最终就达到分类目标了。

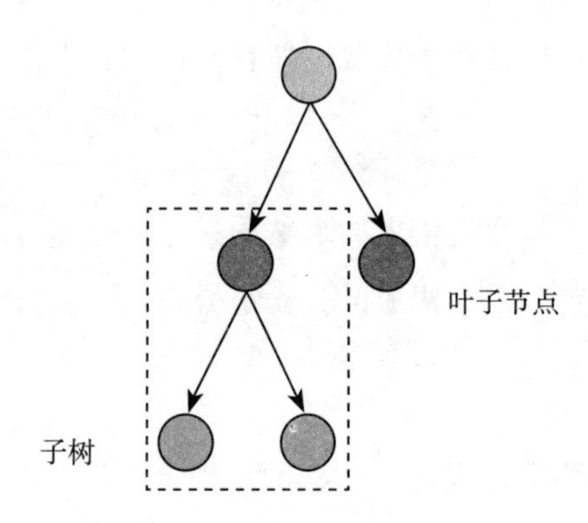

图 7-6 决策树生成子树的过程就是叶子节点再进行分裂

上述就是决策树算法进行分类的主要流程方式，也许你没有看出来，其实这里面包含了决策树的第二个问题：停止分裂问题。决策树能够通过节点分裂不断地对分类结果进行提纯，但“不断”总也是有“断”的时候，就如虽然 if-else 能无限嵌套 if-else，但真正写出来的 if-else 总是相当有限的。那么，决策树该在什么时候停止节点分裂呢？停止条件有以下三种：

- 到达终点。虽然我们在讨论节点分裂，但须记住节点分裂是手段而不是目的，目的是完成分类。当数据集已经完成了分类，也就是当前集合的样本都属于同一类时，节点分裂就停止了。
- 自然停止。决策树依赖特征维度作为判别条件，如果特征维度已经全部用上了，自然也就无法继续进行节点分裂。可是如果分类还没有完成则怎么办呢？决策树的处理方法很简单，就以占比最大的类别作为当前节点的归属类别。
- 选不出来。除了上述两种不难想到的停止条件，还有一种意料之外情理之中的停止条件，就是选不出来。决策树通过比较不同特征维度的提纯效果来进行判别条件的选择，但是同样可能发生的极端情况是，大家的提纯效果完全一样，这时就无法选择了，分裂也就到此为止。这时同样以占比最大的类别作为当前节点的归属类别。

以上三种是算法自身带有的停止条件，在实际使用中也可以通过外部设置一些阈值，如决策树的深度、叶子节点的个数等来作为停止条件。

7.2.2 决策树分类算法的数学解析

决策树分类算法的一个核心就是在数据的特征集中依次选择决策条件，也就是完成 if-else 判断分支的分裂。如何进行选择，具体来说，也就是如何度量不同特征条件下分类结果的纯度，是决策树分类算法的核心问题。前面我们提及，决策树分类算法与其说是一种算法，不如说是一套框架，许多类决策树算法都采用了非常近似的流程，而它们最主要的区别就在于如何度量不同特征条件下分类结果的纯度。这里我们分别看看知名度最高的三款决策树分类算法 ID3、C4.5 和 CART 对这个问题给出了怎样的答案。

1. 信息熵

首先介绍信息熵（Information Entropy）。信息熵由信息论之父香农（Shannon）提出，是信息论中非常重要的一个概念，也是决策树分类算法中非常重要的一个概念，任何一套介绍决策树分类算法的教材都不会错过信息熵。

信息熵这个名字很古怪，“熵”是热力学的概念，用来表示无序程度，而香农借用了这个概念，用来量化信息量。很多介绍决策树的教材会选择把这两个点展开来讲，但光是“信息熵”这个名字就够古怪了，如果又把各种相当抽象的物理概念、信息论概念和似是而非的例子混在一起，很容易就会把人给看晕了。信息论是一个很大的话题，但我们的目的是理解决策树，只需要明白信息熵在其中扮演了什么角色，以及为什么能扮演这种角色，所以我决定另辟蹊径。

其实，要理解信息熵在决策树中的作用，关键就是抓住一点：度量纯度。度量纯度是一个环环相扣的问题，为什么决策树要度量纯度？因为希望决策条件能够一锤定音，使得数据集通过这个决策条件就能完成分类。那么怎样度量纯度？前面我们介绍了度量纯度的三点要求，作成图像就是半只鸡蛋，简单来说就是看占比最大的那个类的占比，占比越接近 100%，纯度就越高，反之占比越小，纯度就越低。

信息熵正好能满足这个要求。信息熵原本是用于衡量不确定性的指标，也就是说情况越乱，信息熵越大。不确定性可以用发生概率来理解，如果一件事百分之百会发生，我们会把这事儿称为“板上钉钉”，即很确定的事儿，信息熵就无限接近于最小值。但如果一件事儿就像扔硬币一样，正反两面出现的概率参半，非得等到最后一刻才揭晓结果，这件事儿就很不确定，信息熵就无限接近于最大值。

这其实与决策树对纯度的要求不谋而合。在分类的场景中，各种事情发生的概率可以替换成各种类别的占比。占比不相上下的时候，信息熵就比较大，当一个类别能够一家独大，信息熵就比较小。

这就是信息熵。别看描述上好像很厉害，其实信息熵的数学表达式非常简单：

$$H(X)=-\sum_{k=1}^{N}p_k\log_2(p_k)$$

这里的 p 就是概率的意思，这里的大写“ X”不是常见的未知量符号，而是表示进行信息熵计算的集合。在分类中也可以按各个类别的占比来理解。信息熵的计算非常简单，就分三次四则运算，即相乘、求和最后取反。唯一可能有疑惑的地方是“$\log_2$”这个符号。

log 是表示对数函数的符号，后面会跟一个数字下标，表示“以……为底”，如 $\log_2$ 的意思就是以 2 为底。对数函数大概是初中代数知识，并不算太深的概念，但日常可能接触不多，这里稍微回忆一下。我们见得比较多的一般是指数函数，譬如 2^x，这很好理解，而对数函数是指数函数的反函数，什么意思呢？我们令指数函数 x=3，假设 2^3=8，那么对数函数作为反函数就有 $\log_2 8$=3。在 Numpy 中，可以使用函数“ log2”来直接完成对数计算。

对数函数的一大特点是增长速度越来越慢，以 $\log_2$ 为例，函数图像就像一株被压了重物的枝条，如图 7-7 所示。

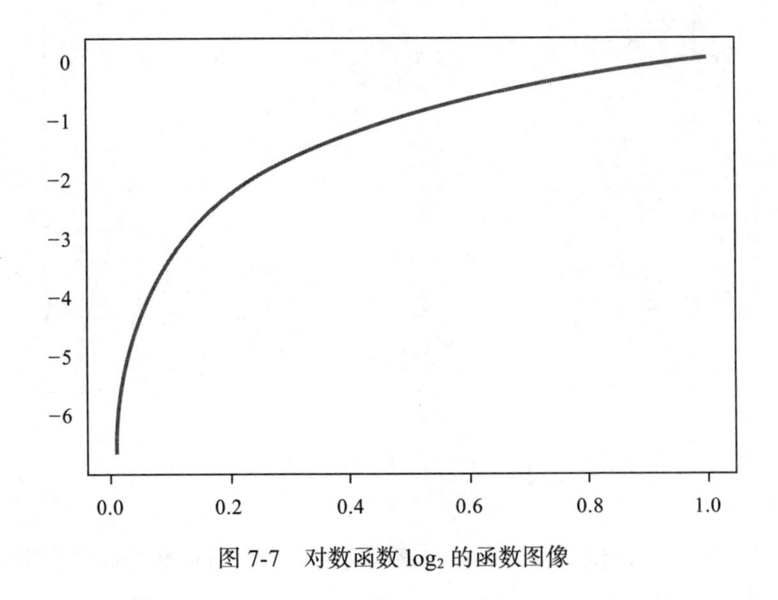

图 7-7 对数函数 $\log_2$ 的函数图像

我们使用信息熵来计算两种极端情况。在二元分类问题中，如果当前样本都属于一个类别 a，也就是 a 类占比达到 100%（同时也意味着另一个类别 b 占比为 0），p_a=1 时，信息熵 H 为：

$$H(1) = -(1\times\log_2(1)+0) = -(1\times 0+0) = 0$$

由于只有一种类别，p 达到最大值，也就是情况非常确定，所以信息熵取得最小值 0。那么什么情况下最不确定、最乱呢？当然是两种类别各占一半的情况，也就是类别占比都为 50%（p_a=p_b=0.5），这时信息熵 H 为：

$$H(X) = -(0.5\times\log_2(0.5)+0.5\times\log_2(0.5)) = -(0.5\times -1+0.5\times -1) = 1$$

类别各占一半，也就是 p 为 0.5，与扔硬币的情况是一样的，也就是确定性达到最大，所以这时的信息熵取得最大值 1。对比一下纯度的要求，就能发现二者非常类似。信息熵的函数图像也是半颗鸡蛋（见图 7-8）。

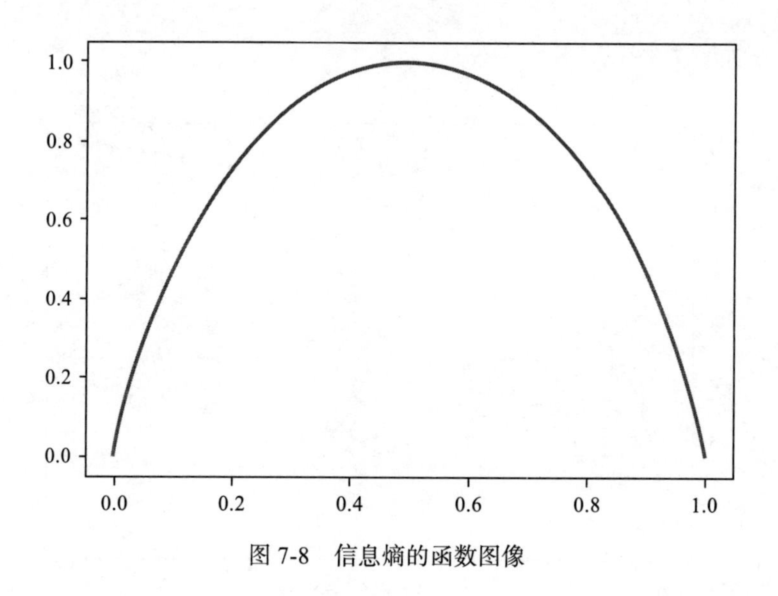

图 7-8 信息熵的函数图像

为什么决策树要使用信息熵，现在应该很清楚了。但信息熵是以整个集合作为计算对象，那么怎样利用信息熵从特征维度集中选择决策条件呢？不同的决策树算法有不同的方法，ID3 算法使用了信息增益 G。

信息增益是什么意思呢？我们知道，经过一次 if-else 判别后，原来的集合就会被分为两个子集合，既然分类的目的是希望把包含多种类别的集合，尽可能划分成只包含一种类别的多个子集，也就是希望通过划分能够达到“提纯”的效果。如果子集的纯度比原来的集合纯度要高，说明这次通过 if-else 的划分起到了正面作用，而纯度提升越多，当然说明选择的判别条件越合适，可以作为一种不同特征维度之间的比较方法。ID3 中选择用信息熵来衡量样本集合的纯度，那么“提纯”效果的好坏就可以通过比较划分前后集合的信息熵来判断，也就是做一个减法，具体来说是用划分前集合的信息熵减去按特征属性 a 划分后集合的信息熵，就得到信息增益，公式如下：

$$G(D,\ a) = H(x) - \sum_{v=1}^{V} \frac{|D^v|}{|D|} H(D^v) \qquad (7\text{-}1)$$

$G(D,a)$ 的意思是集合 D 选择特征属性 a 划分子集时的信息增益。被减数一看便知是

集合 D 的信息熵，减数式子看着比较复杂。

首先是大写字母 V。你也许纳闷，哪里来的 V 呢？其实这是表示按特征维度 a 划分后有几个子集的意思，若加入划分后产生 3 个子集，那么此时 V=3。小写字母 v 则表示划分后的某一个子集。

接着是符号“$|D|$”。这里的 D 当然就是表示集合 D，旁边加了两道竖线并不是求绝对值的意思，而是求集合 D 的元素个数。同样，$|D^v|$ 表示的是划分后的某个子集的元素个数。知道了各符号的意思，式子 $\frac{|D^v|}{|D|}$ 就很简单了，即一个子集的元素个数在原集合的总元素个数的占比。这就是该子集信息熵所占的权重，占比越大，权重越高。

最后，用原集合的信息增益，减去划分后产生的所有子集的信息熵的加权和，就得到按特征维度 a 进行划分的信息增益。比较不同特征属性的信息增益，增益越大，说明提纯效果越好，提纯效果最好的那个特征属性就当选为当前 if-else 的判别条件。

ID3 算法是一个相当不错的决策树算法，能够有效解决分类问题，而且原理清晰、实践简单。但大家很快又发现，这套算法有一个突出爱好，就是喜欢选择值比较多的特征维度作为判别条件。

为什么会这样呢？决策树是以“提纯”来作为特征维度的选择标准，而特征维度的值越多，子集被切分得越细，纯度相对也是会提升的，但这种情况下的纯度提升与决策树的设计初衷不符。因此改进版的 ID3 算法，也就是 C4.5 算法应运而生。

C4.5 算法可以认为是 ID3 算法的“plus”版本，唯一的区别就在于用信息增益比来替代信息增益。信息增益与谁比较呢？与特征维度的固有值（Intrinsic Value）比，具体数学表达式如下：

$$G_r = \frac{G(D,a)}{IV(a)} \tag{7-2}$$

特征维度的固有值是针对 ID3 对多值特征的偏好所设计的，具体作用就是特征维度的值越多，固有值越大。信息增益比以固有值作为除数，就可以消除多值在选择特征维度时所产生的影响。固有值的数学表达式具体如下：

$$IV(a) = \frac{|D^v|}{|D|}\log_2\frac{|D^v|}{|D|} \tag{7-3}$$

2. 基尼指数

CART 算法是当前最为常用的决策树算法之一，在决策条件的选择上没有沿用信息熵，而是采用了新的方案——基尼指数，不过，基尼指数和信息熵的主要原理是非常相似的，数学表达式如下：

$$\text{Gini}(D) = 1 - \sum_{k=1}^{N} p_k^2 \tag{7-4}$$

这里的大写“D”同样是表示进行基尼指数计算的集合。基尼指数的计算过程也分为三次四则运算，即相乘、求和，最后用 1 减去求和的结果。相比信息熵，基尼指数的第一步采取了占比 p 直接相乘的方法，省略了对数运算，计算更为简单。

我们同样以基尼指数计算上面两种极端情况。首先还是二元分类问题，假设 a 类占比达到 100%，也就是 $p_a=1$ 时，基尼指数为：

$$\text{Gini}(D) = 1 - (1\times1 + 0\times0) = 1 - 1 = 0$$

一个类别占比达最大，也就是情况最确定，所以这时的基尼指数取得最小值 0。假设两个类别占比参半，也就是 $p_a=p_b=0.5$，这时基尼指数为：

$$\text{Gini}(D) = 1 - (0.5\times0.5 + 0.5\times0.5) = 1 - 0.5 = 0.5$$

占比各半也是最不确定的情况，所以基尼指数取得最大值 0.5。基尼指数取得最大值和最小值的情况与信息熵是非常相似的，最明显的区别在于基尼指数的最大值是 0.5 而不是 1。基尼指数所作的图像也是半颗鸡蛋（见图 7-9）。

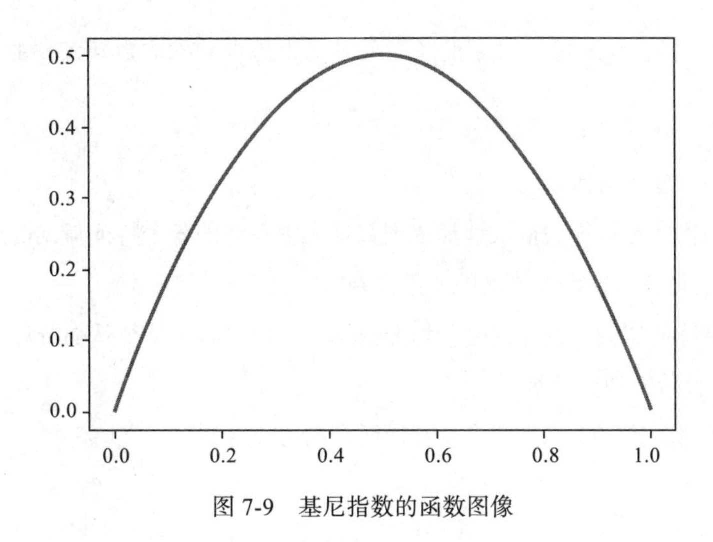

图 7-9 基尼指数的函数图像

使用基尼指数选择特征维度的过程与前面基本一致，首先还是计算选择某个特征维度作为判别条件的基尼指数，计算方法和计算信息增益非常类似，也是首先求得各个子集的元素占比，然后乘以该子集的基尼指数，最后全部加起来求和，公式如下：

$$\mathrm{Gini}_a=\sum_{v=1}^{V}\frac{|D^v|}{|D|}\mathrm{Gini}(D^v) \tag{7-5}$$

7.2.3 决策树分类算法的具体步骤

决策树分类算法是一种有监督的分类算法，输入同样为样本特征值向量，以及对应的类标签，输出则为具有分类功能的模型，能够根据输入的特征值预测分类结果。具体如表 7-2 所示。

表 7-2 决策树分类算法信息表

算法名称	决策树分类算法	
问题域	有监督学习的分类问题	
输入	向量 $\boldsymbol{X}$，向量 $\boldsymbol{Y}$	向量 $\boldsymbol{X}$ 的含义：样本的多种特征信息值 向量 $\boldsymbol{Y}$ 的含义：对应的结果数值
输出	预测模型，为线性函数	模型用法：输入待预测的向量 $\boldsymbol{X}$，输出预测结果向量 $\boldsymbol{Y}$

使用决策树算法与编写 if-else 很像，可以认为是自动抽取判断条件的 if-else，具体需要四步：

1）选定纯度度量指标。

2）利用纯度度量指标，依次计算依据数据集中现有的各个特征得到的纯度，选取纯度能达到最大的那个特征作为该次的“条件判断”。

3）利用该特征作为“条件判断”切分数据集，同时将该特征从切分后的子集中剔除（也即不能再用该特征切分子集了）。

4）重复第二、第三步，直到再没有特征，或切分后的数据集均为同一类。

7.3　在 Python 中使用决策树分类算法

在 Scikit-Learn 库中，基于决策树这一大类的算法模型的相关类库都在 sklearn.tree 包中。tree 包中提供了 7 个类，但有 3 个类是用于导出和绘制决策树，实际的决策树算法只有 4 种，这 4 种又分为两类，分别用于解决分类问题和回归问题。

- DecisionTreeClassifier 类：经典的决策树分类算法，其中有一个名为“criterion”的参数，给这个参数传入字符串“gini”，将使用基尼指数；传入字符串“entropy”，则使用信息增益。默认使用的是基尼指数。余下 3 个决策树算法都有这个参数。
- DecisionTreeRegressor 类：用决策树算法解决反回归问题。
- ExtraTreeClassifier 类：这也是一款决策树分类算法，但与前面经典的决策树分类算法不同，该算法在决策条件选择环节加入了随机性，不是从全部的特征维度集中选取，而是首先随机抽取 n 个特征维度来构成新的集合，然后再在新集合中选取决策条件。n 的值通过参数“max_features”设置，当 max_features 设置为 1 时，相当于决策条件完全通过随机抽取得到。
- ExtraTreeRegressor 类：与 ExtraTreeClassifier 类似，同样在决策条件选择环境加入随机性，用于解决回归问题。

本章所介绍的决策树分类算法可以通过DecisionTreeClassifier类调用使用，用法如下：

```
from sklearn.datasets import load_iris
#从Scikit-Learn库导入决策树模型中的决策树分类算法
from sklearn.tree import DecisionTreeClassifier
#载入鸢尾花数据集
X, y = load_iris(return_X_y=True)
#训练模型
clf = DecisionTreeClassifier().fit(X, y)
#使用模型进行分类预测
clf.predict(X)
```

预测结果如下：

```
array([0, 0, 0, 0, 0, 0, 0, 0, 0, 0, 0, 0, 0, 0, 0, 0, 0, 0, 0, 0, 0, 0,
       0, 0, 0, 0, 0, 0, 0, 0, 0, 0, 0, 0, 0, 0, 0, 0, 0, 0, 0, 0, 0, 0,
       0, 0, 0, 0, 0, 0, 1, 1, 1, 1, 1, 1, 1, 1, 1, 1, 1, 1, 1, 1, 1, 1,
       1, 1, 1, 1, 1, 1, 1, 1, 1, 1, 1, 1, 1, 1, 1, 1, 1, 1, 1, 1, 1, 1,
       1, 1, 1, 1, 1, 1, 1, 1, 1, 1, 1, 1, 2, 2, 2, 2, 2, 2, 2, 2, 2, 2,
       2, 2, 2, 2, 2, 2, 2, 2, 2, 2, 2, 2, 2, 2, 2, 2, 2, 2, 2, 2, 2, 2,
       2, 2, 2, 2, 2, 2, 2, 2, 2, 2, 2, 2, 2, 2, 2, 2, 2, 2])
```

使用默认的性能评估器评分：

```
clf.score(X,y)
```

性能得分如下（全部正确分类）：

```
1.0
```

7.4 决策树分类算法的使用场景

决策树分类算法有两大优点，第一大优点就是分类逻辑非常清晰，即使未经相关学习的外部人士也很容易理解，第二大优点就是决策树采用树形结构进行分类，这种结构很适合可视化，特别是在需要演示和讲解的场景下，可更为直观地展示决策树的整个分类过程。

决策树分类算法的优点很突出，但问题也很突出，最大的问题就是容易过拟合，如何减少和解决决策树分类算法的过拟合问题，始终是决策树分类算法或类似改进算法的热门研究方向。目前认为这个问题最为有效的解决方法就是剪枝操作。

另外，许多经典的决策树分类算法，如上面提及的ID3算法、C4.5算法和CART算法在特征维度选择上都使用了统计学指标，这些指标都有一个默认的假设，认为特征维度之间是彼此独立的。但如果特征维度实际存在关联性，则可能对预测结果产生影响。

该算法特点总结如表7-3所示。

表7-3　决策树分类算法的特点

优点	算法逻辑清晰，对程序员尤其友好，树形结构容易可视化，能够比较直观地观察分类过程
缺点	最大也是最突出的缺点就是容易过拟合，特征维度存在关联关系时也会对预测结果产生明显影响
应用领域	适用于需要“决策”的领域，如商业决策、管理决策等，不过作为一种热门算法，决策树应用领域非常广泛

算法使用案例

Kinect是微软公司在2010年6月发布的XBOX 360体感交互外设，这是一种较为新颖的人机交互显示技术，使用者在Kinect镜头前所做的动作将实时呈现在游戏的画面中。为了实现这一效果，Kinect正是利用决策树分类算法，对镜头捕获的玩家行为图像进行分类，从而实现了效果良好的人体行为识别功能。

CHAPTER 8

第8章

支持向量机分类算法

从某种意义上说，支持向量机分类算法为机器学习树立了一个理想模型的标杆。对于机器学习乃至更大范围的统计学来说，可用性和可解释性是一对冤家，一套理论完美的模型实际用起来往往不尽人意，而那些在实际中让人眼前一亮的模型，又往往难以用理论解释其中“效果拔群”的原因，就连在学术界和工业界大放异彩的深度学习模型也因缺乏可解释性而一直被人诟病是“中世纪的炼金术”。有没有理论优美、实际效果又拔群的机器学习模型呢？有，就是支持向量机模型。本章将介绍支持向量机，最大间隔、高维映射和核方法是构成支持向量机不可或缺的构件，也是本章介绍的重点。

8.1 支持向量机：线性分类器的“王者”

也许每一套介绍机器学习的教材都会选择把支持向量机算法放在章节的压轴位置，我也不例外，这是支持向量机应得的尊重。我们都知道，学术界和工业界对技术的审美普遍存在着微妙的差异，一些学术上看来精致优美的技术，在工业界可能因为这样或那样的效费问题以致寸步难行；而在工业界追求实用的风气下产生的技术，则也可能被学术界认为过于简陋粗鄙。但支持向量机可能是屈指可数的例外之一，这款算法兼具形式优美和高效好用，难得地受到了跨界的好评。

说支持向量机是前深度学习时代的“王者”也并不为过。刚接触这款算法时，也许你会从“支持向量机”的名字感受到扑面而来的“王者”气息，感觉它是一种玄妙高深的理论。可是我要告诉你，正所谓大道至简，支持向量机缘起于线性算法，却通过一系列令人称奇的神来之笔，达到了线性算法看似绝不可能达到的至臻境界。机器学习是一门实践科学，一切向“能用”“好用”看齐，但如果说数学家们也想在其中忍不住要露一手的话，支持向量机就是其中的集大成者。

不过，因为支持向量机算法具有学术理论优美的特点，所以从考官的角度看，是算法灵活而巧妙地运用了一系列数学工具，达到了令人啧啧称奇的地步；而从考生的角度看，其中涉及了多种复杂的数学概念，许多教材又往往习惯从具体概念入手，将整体运作的支持向量机算法拆散，当成一个个龙飞凤舞的数学公式讲解，刚接触时往往看得头皮发麻，还不明就里。也许这也是不得不让支持向量机压轴的原因之一。

不过这不应该简单地进行责难，想象一下，汽车是很常见的物件，不过如果需要你向一位从未见过汽车的盲人朋友进行解释，你会怎样做呢？语言表述总是有局限的，想要对一个对象进行概貌描述的同时，还能兼顾把细节说清楚，确实是一种挑战。在我看来，讲解支持向量机是一种荣幸，也是一种挑战，这一次，我很有幸成为挑战者之一，也许我无法一次讲清楚每一个最细微的零件，但只要能够弄清楚这架名为“支持向量机”的精巧机器打算将分类这个大问题域切分成多少个问题子域，又用什么方法进行解决。回答了这些问题，就能掌握支持向量机的整体架构和脉络。

在支持向量机中有三个重要概念，也是组成支持向量机的重要构件，是需要时时关注的，如果文中提到它们，请一定注意：

- 最大间隔
- 高维映射
- 核方法

这三个构件是彼此独立又互相关联的关系。三者关系我会选择用旧式的冒险电影剧情来形容，那就是“千里之行始于‘最大间隔’，在‘高维映射’迎来升华，最后通过‘核方法’修成正果”。

要知道支持向量机是什么，首先要知道“三缺一”不是支持向量机。也许在此之前你已经看过了对支持向量机“简明讲解”的其他版本，不少前辈选择用“删繁就简”的方法来挑战，譬如要么偏重介绍最大间隔，要么偏重介绍高维映射，以至于看了多个不同版本，感觉说的不是同一个支持向量机。支持向量机之所以能成为线性分类器的最终形态，是因为这些构件彼此依赖，否则要么运行效率低下，要么准确性出现问题，缺了谁支持向量机都不可能取得今天的成就。但也许正因为这些构件必须拼在一起才能发挥神奇的魔力，移植到别处总是南橘北枳让人大跌眼镜，难以扩展迁移也就成为支持向量机的一大憾事。

8.1.1　距离是不同类别的天然间隔

分类乍一听粗浅好懂，但细细一看真是一花一世界，有一点儿袖里乾坤的意思。我们已经从用线性回归套S型马甲（第4章）、物以类聚（第5章）、统计（第6章）和if-else（第7章）等角度思考了分类问题，也许其中有一些想法比较新奇或巧妙，总是开始不太好懂，苦思冥想之后才恍然大悟。在这个过程中，我们不仅仅了解了“怎样做”，也努力地回到算法作者最开始的地方，想要尝试体会其最初的想法。但也许总有一种“还不够直接”的感觉。

为什么呢？我们也许潜意识觉得，分类应该可以更简单、更直接。在思考“分类”这个词儿时，我们不自觉地认为现在有一堆不同颜色的小球混杂在一起，前面摆放着两个框，而我们要做的是一一将它们捡起来，然后按颜色扔进不同的框里。在这个过程中，总会需要一些改变小球原所在位置的“移动”操作，譬如把它移动到其他地方。

然而，回想一下就知道，对数据点的分类实际并不涉及任何“移动”操作，原因也不难想见。数据点的“位置”实质是在不同维度有着不同现实含义的信息，我们当然不可能为了分类而改变这些信息的值。因此，对数据点的分类其实与我们的直觉并不完全相同，更像是哪位顽皮的小朋友拎着两大筐乒乓球，一筐是黄色的，一筐是白色的，走到操场的一边倾倒一筐，然后又走到另一边倾倒另一框，黄白两种颜色的乒乓球就在操场上蹦蹦跳跳平铺开来，从高处看，是一大片黄色和一大片白色所构成的图案。这时候想要分类，最直接的方法是什么呢？也许是找一根很长很长的杆子，往两种颜色中间一放，那么杆子左边是一种颜色，右边是另一种颜色，分类就干脆利索地完成了。

这样的场景倒是随处可见。譬如很常见的中国象棋，我们知道棋子分为红色和黑色两种，开局都要整整齐齐地排列在棋盘上。棋盘中央有一道“楚河汉界”，正好把这两种不同颜色的棋子分开。如果我们的任务是画一条直线把不同颜色的棋子分类，显然轻而易举。既然楚河汉界是红黑两种棋子之间的分割地带，只要找到这条空白地带，然后沿着其中轴画一条线，就一定能把两类棋子分开。

能够对当前数据点进行正确分隔的直线有许多，可是选择哪条最好呢？也许我们本能地就会选择沿中轴画线，可是为什么呢？我们中国人做事都是讲究留有余地的，数据分类也是如此。虽然棋盘上的棋子摆得整齐，但我们说过，自然中的数据可是会随机波动的，如果分隔线不留余地，那么它将对噪声非常敏感。数据出现一点点扰动泛化则误差会变得很大，无法有效进行正确分类，学术上称“鲁棒性很差”。那么怎么提高鲁棒性呢？也很简单，即尽可能地多留点儿余地，而且是要给正负类两边都多留点，使得分割线距离两边都达到最大间隔。

8.1.2 何为“支持向量”

支持向量机（Support Vector Machine）的简写 SVM 容易让人望文生义，特别是程序员，看到“VM”就以为是一种虚拟机。支持向量机是一种机器学习算法，其中涉及一个很重要的角色叫“支持向量”，这也是该算法的名字由来。

支持向量机还有一个重要概念叫“间隔（margin)”。回顾刚才的分类，我们的目的是要把两堆不同类的棋子用一条直线隔开，而对这条直线我们也有要求，就是要距离最远。不过，这条空白地带怎么找呢？我们可以俯视整个棋盘，可机器只能进行数值计算，没有这种几何成像能力，必须得先数值化了才能运作。不过好办，我们知道，红色棋子和黑色棋子之间既然有空白地带，那就说明棋子与棋子之间有距离。不过这也有讲究，红色的棋子距离黑色棋子有远有近，就拿黑色的“卒”作为参照物吧，红色的“兵”

肯定是离它最近的，而相比之下，红色的“帅”则要远很多。这就是间隔。不难想象，在任何分类任务中，只要找到两种不同的类之间的间隔，就能把两个类分开。如图 8-1 所示。

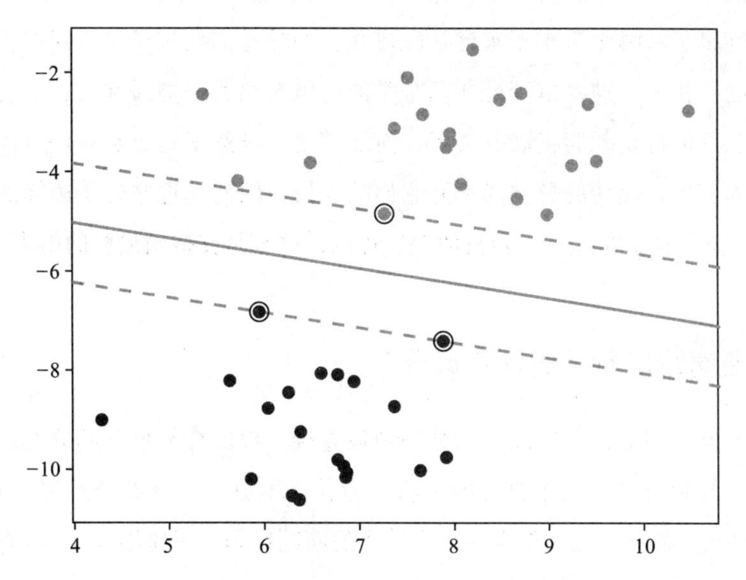

图 8-1 “间隔”实际是通过两侧的样本点划分而成，这些样本点就是“支持向量”

让间隔最大化，或者形象一点，让间隔变得“最胖”，就是支持向量机的目标。间隔分为两种，一种叫硬间隔，一种叫软间隔。“间隔”感觉像是一个几何概念，怎么还有“软硬”之分？我在学习支持向量机时，看到这两个术语也是一阵儿头疼。不过，虽然名字起得古怪，但意思却意外地好懂。上面我们把“楚河汉界”看作红黑棋子的间隔，间隔的一边最理想的状况当然就是只有一种颜色。要求绝不允许例外的，那是“硬间隔”。

但实际情况总是没有那么理想。回想上面所列举的小朋友倒乒乓球的场景，乒乓球只管自己往前跳，而不会理睬什么分类不分类，所以虽然同一颜色的大体在同一边，但肯定也有一些过于活跃的家伙跳到另一种颜色的阵营里去了，所以交界处肯定不是一条干干脆脆的直线。软间隔是允许有一些例外的，意思就是两种颜色犬牙交错，我们用直线分类就总会有那么几个漏网之鱼被划到错误的一边，不过这次要求没有这么“硬”，它有容错机制，也就是有弹性，要做的只是尽可能地把划错率降到最小。

总结下来，特别顽固、一点也不通融的是硬间隔，知道会有划错但希望尽可能少的则是软间隔。

可是，红色棋子和黑色棋子那么多，任取一个红色棋子和黑色棋子就会有一个间隔，我们选哪个红棋子和哪个黑棋子来度量距离呢？当然是离红棋子最近的黑棋子，以及离黑棋子最近的红棋子。这些棋子处在两个类的边缘，离另一类最邻近，只要确保将它们正确分类，剩下的肯定就能正确分类了。换而言之，虽然正确分类有赖全体参与，但它们的贡献更为突出，成功的分类离不开它们的支持，因此，这些处于边缘的数据点就称为支持向量。支持向量是支持向量机的关注焦点，这也是支持向量机的由来。

8.1.3　从更高维度看“线性不可分”

找到类与类之间的最大间隔应该是一种最直接，也最容易想到的分类思路。也许你马上就会问，既然有这么简单直接的方法，为什么不放在一开始介绍呢？原因很简单，这种分类思路虽然简单直接，但存在一个致命的问题：非常不通用。

我们说过线性方法的核心就是一条直线，用线性方法分类就是用一条“直线”——当然有时候可能是多维的“直线”，就是平面——来划分数据。这种方法实际是在正类和负类之间找到一个能插入直线的间隔，但遇到数据非线性分布，也就是真正意义上的“间不容发”的情况，这套线性分类方法就失灵了。

在很多情况下，不同类别的数据分布并不像象棋那样泾渭分明，只需要简单地找出一条分界线，而是混杂在一起，我中有你，你中有我。更为形象地说，大部分的数据不像是象棋，而更像是犬牙交错的围棋，无法用线性加以区分，术语上很形象地称为“线性不可分”。我们在介绍 logistic 回归也曾介绍过，线性分类器的优点是简单，但缺点也是简单——太过简单了，所以遇到非线性可分问题就束手无策。

可是，线性不可分真的就是线性分类器的尽头了吗？不！

回答坚决，但总觉得缺乏底气。既然都已经线性不可分了，还怎么用线性方法分割呢？支持向量机创造性地引入高维映射来巧妙解决这个问题。高维映射是支持向量机最让人注目的部分，也是数学在机器学习算法里能够达到的巅峰。数学上有一种思路，即遇到新的难题时通常分两步解决。第一步，将新问题转化成已经解决的旧问题；第二步，完成转化后，通过老方法加以解决。我们要解决的问题就是，怎样将线性不可分变得线性可分，然后再按老办法寻找最大间隔。

让线性不可分变为线性可分，这不是矛盾吗？不矛盾。线性不可分只是在当前的维度下线性不可分，但如果增加了维度，原本不可分也就可分了。还是以刚才的围棋为例，顾名思义，围棋棋子都是黑白子互相包围在一起，属于线性不可分。但假设有一个武林高手暗运掌力，忽然快速往棋盘上一拍，让白子黑子都垂直往上飞起，同时让黑子飞高一点，白子则相对低一些，这样，平面无法线性区分的黑白子在进入立体空间，多了高度这个维度之后就体现出了区别。这时，只要往飞升的黑白子之间塞入一张薄纸，就把两种棋子分开了（见图 8-2）。二维称“线”，三维称“面”，超过三维的就不另外改名字了，统一称“超平面”。

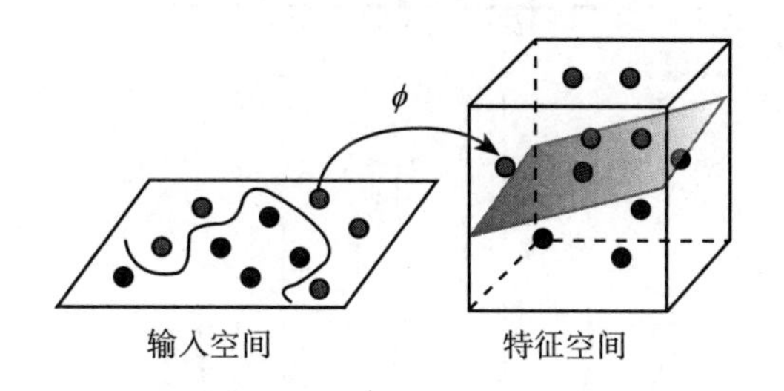

图 8-2　经过高维映射后，二维分布的样本点变成了三维分布

大多数介绍支持向量机的教材，说到这里也就差不多了，但这里的解释有点似是而非。

在我看来，这个解释不但未说清楚，反而引入了两个很让人困扰的问题。一个理论层面的质疑——为什么映射到高维就能保证正负类能够上下分开？一个是应用层面的问题——这个高维空间要怎么找？变成高维空间容易，增加一个维度就能达到提升空间维度，一直增加下去也就成为高维空间，可是肯定不是简单地增加维度就能分开，还得给原有数据点在新的空间安排位置吧，那么怎么安排才合适呢？

为了说清楚这个问题，首先还是让我们回到最初的地方：我们要解决什么问题？线性不可分问题。具体来说，就是正类和负类混杂在一起，你中有我，我中有你，无法简单地插入一条直线以进行区分。

这就好办了。我们把问题形象化，为这个“你中有我，我中有你”想象一个具体的样子。不如就想象为一根铁丝，上面串了三枚五角星，我们的目标是用一条直线分出中间的五角星。

显然这是一个线性不可分问题。无论直线怎么摆放，中间的五角星一定都会至少与一枚侧边的五角星在一起，从而无法正确区分。不过，对于这个看似不可能的任务，只要稍微弯一下铁丝，使铁丝形成一个 U 型，这时中间的五角星处在了低端，而两边的五角星被抬高，再往中间插入一条直线，就能正确区分二者了。见图 8-3。

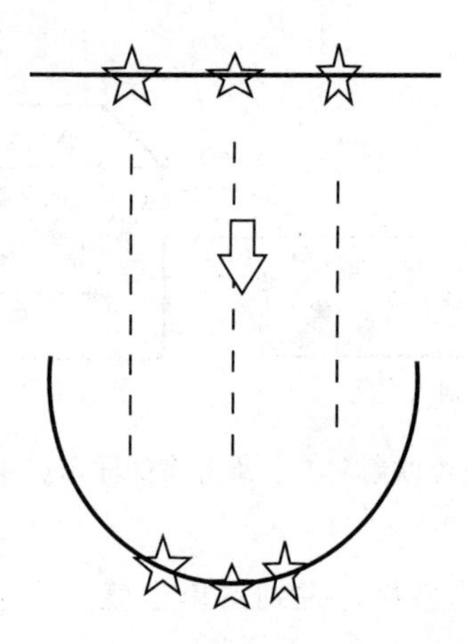

图 8-3　简单地“掰弯”铁丝就能使线性不可分变成可分

也许一个例子还不够，我们再来看看更贴近我们熟悉的数据集样本情况。再次明确一下，我们现在正在处理的是如何用线性方法处理线性不可分数据的问题，那么首先就是数据分布的情况。

既然是线性不可分，那么可以推想需要区别的两类数据点处于一种“你中有我或者我中有你”的状态，最极端的就是一类数据被另一类“包围”，如果用红色和绿色区分这两类数据，图像就变成了“万绿丛中一点红”，在这种情况下显然不可能用任何一条直线来划分二者，也就是无法使用线性方法进行分类（如图 8-4 左图）。

现在我们进行高维映射。高维映射其实是非常具体和实在的方法，没必要神秘化，这里我们选择肉眼可见的方法，即把高维映射想象成在二维空间中倒扣上一只肚子朝上的漏斗，二维空间就变成了三维空间，我们把漏斗移动到红色类（正方形）的数据上方，这时两种颜色的数据就出现了高度差，这时就可以通过插入一块平板分隔二者，也就是可以采用线性的方式进行非线性数据的区分了（如图 8-4 右图所示）。

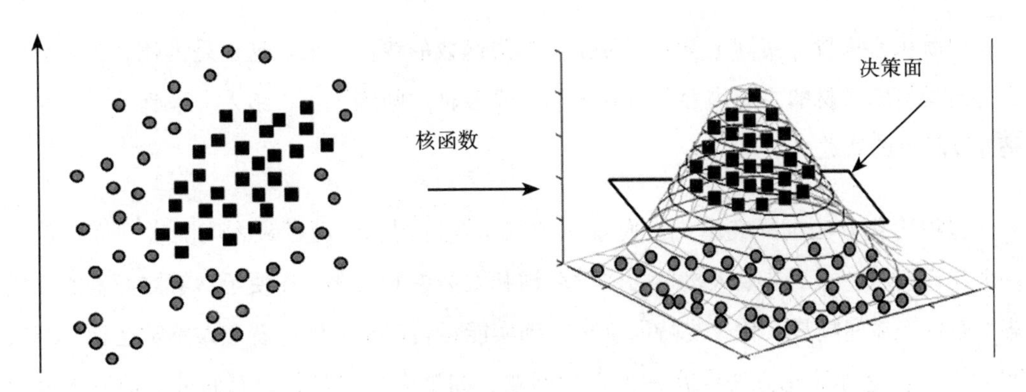

图 8-4　利用“漏斗”使得二维的线性不可分数据变得可分（图片来自网络）

总结一下，非线性数据之所以可以用线性方法区分，是因为给原本只有“左右”区别的五角星增加了“上下”维度，出现了线性可分的差别。从另一个角度看，这也是一种用映射方法来解决问题的案例。直线有直线方程，弧线有弧线方程，只需要通过一个映射，就能使得原本线性排列的数据呈弧线排列。对于机器学习用映射来解决问题我们并不陌生，回忆一下，Logistics 回归里的“S 型马甲”所用的就是这种手法。这就是增加维度来解决线性不可分问题的关键，知道当前分布是什么样子，也知道想要达到的分布是什么样子的，那么，就只要选择合适的映射函数了，也就解决了第二个问题。

8.2 支持向量机分类的算法原理

8.2.1 支持向量机分类算法的基本思路

1. 最大间隔

支持向量机的原理说容易也真是容易，说不容易也真不容易。支持向量机说到底就是一种“线性分类器”，它以“间隔”作为损失的度量，目标通过不断调整多维的“直线”——超平面，使得间隔最大化。所谓“支持向量”，就是所有数据点中直接参与计算使得间隔最大化的几个数据点，这是支持向量机的得名由来，也是支持向量机的全部核心算法。

单就核心来看，实际上就是一种换了损失函数的线性方法。这也是为什么很多介绍支持向量机的教材的主要内容都放在怎么计算各种“间隔”上，给人一种支持向量机就是计算间隔的感觉。

这种简化方法选择突出支持向量机的基本运行逻辑，而且最大间隔说到底也就是一个计算问题，并不涉及太拗口的数学名词和太抽象的概念，在便于理解方面确实有优势。而且光靠间隔最大化，支持向量机也确实能运转起来，乍一看让人感觉这种介绍很“完整”。但这种简化方法存在一个重大问题：如果支持向量机只有间隔，那真的就成了又一种线性分类器，初学者可能很难察觉其中存在的问题，反而容易以偏概全，产生误导。

2. 高维映射

其实，支持向量机除了间隔最大化外，还有另一大绝活就是高维映射。高维映射是支持向量机的主要卖点，也是理解支持向量机的难点。于是，另一些支持向量机的教材就选择把焦点集中在高维映射上，将支持向量机塑造为深不可测的武林高手，从而把对支持向量机的介绍推向另一个极端。

高维映射很难理解，难就难在如何用线性分类器去解决非线性可分问题。这句话很拗口，但意思很清楚，线性方法当然适合解决线性分布的数据，直觉上就能感受到它对非线性分布的数据集的无能为力，从而也能体会到支持向量机在这点上取得突破的难能可贵。

高维映射被许多教程说得神乎其神，但前面我们已经一再解释过它的原理，其核心就是通过映射，把线性不可分的数据变成线性可分，具体来说就是增加维度，如把原本排成一条直线的正负样本点“掰弯”，或者给原本平铺在同一平面上互相包围的正负样本点添加一个“漏勺”，也就是加了一维高度值，使得非线性分布出现了线性可分的差异，从而最终达到分离正负类的目的，实现用线性分类器对非线性可分样本点进行分类的效果。

3. 核函数

说到支持向量机，除非是选择只介绍间隔最大化，否则总是免不了提到核函数（Kernel Function）这个术语。“核函数”听起来很吓人，我第一次看到时还下意识地往原子能方面靠。其实，核函数并没有那么深奥，它与前面接触的 Logistics 函数一样，功能就是映射，说穿了就是给线性“披”一层马甲，变成曲线或者曲面，Logistics 函数就通过映射把直线变成了 S 型曲线。

核函数也一样。核函数不是一种函数，而是一类功能性函数，能够在支持向量机中完成高维映射这种功能的函数都称为核函数，也就是说，只要数学函数满足要求，就都可以被用作核函数。不过，无论哪种核函数，其最根本的目的就是完成高维映射，具体完成两项工作，一是增加空间的维度，二是完成对现有数据从原空间到高维空间的映射。

也就是说，核函数和高维映射虽然在讲解时拆分成两个概念，其实都是一个过程，二者可以看作因和果的关系。我们必须首先选定一款核函数，才能通过核函数将数据集进行映射，从而得到高维映射的结果。

最后需要说明的是，核函数虽然是一类函数，具体有很多“款式”，Scikit-Learn 包中也提供了多种核函数的选择，但是在一次支持向量机的学习过程中，需要首先设置好选择哪种数学函数作为核函数，且在整个运行过程中都将使用这个函数进行高维映射，而不会随着学习的进程调整和改变具体的核函数。这也与 Logistics 回归一样，S 型曲线函数很多，但 Logistics 回归在整个学习过程中都是使用 Logistics 函数作为 S 型曲线的映射函数，而不会在运行过程中进行另外的调整。

4. 支持向量机的真正运行机制

为什么这里要加上“真正”两个字呢？前面也说了，光是使用间隔最大化机制，支持向量机也是可以运转的，只不过这时的支持向量机是一个删减版，实际只是又一种线性分类器，无法突破线性分类的局限，也就是无法解决非线性问题。

真正的支持向量机是由间隔最大化和高维映射两大部件组成。间隔最大化是目标，支持向量机的损失函数依靠间隔计算，能让间隔达到最大的就是支持向量机要“学习”的过程。

高维映射用于解决线性不可分问题，可以理解为对数据的“预处理”。对于那些你中有我、间不容发的非线性分布数据，首先通过核函数映射至高维，映射后的数据集呈线性分布，为使用线性方法分类创造了条件。

最后归纳一下，使用支持向量机进行分类经过三个步骤：

1）选取一个合适的数学函数作为核函数。

2）使用核函数进行高维映射，数据点在映射后由原本的线性不可分变为线性可分。

3）间隔最大化，用间隔作为度量分类效果的损失函数，最终找到能够让间隔最大的超平面，分类也就最终完成了。

5. 核技巧

当你看到这一段时，心里应该清楚两点，一是支持向量机就是一台线性分类器，二是这台线性分类器可以通过高维映射来解决非线性分布问题。解决了旧问题，新的问题也随之而来：能不能把高维映射独立出来，作为一种通用化的组件，将所有非线性分布的数据集转化成线性分布，然后随便再选择一种线性分类器完成分类呢？这个问题也就是支持向量机是否能拆分的问题。

这个想法是非常好的，很多新算法就是靠这种灵光闪现才得以最终出现。不过，支持向量机并不可以拆分，原因可以用软件工程来解释：支持向量机为了兼顾理论的优雅和运行的高效，在设计上选择了紧耦合，使得两项看似可以独立完成的工作变得密不可分。

问题从何而来呢？完整的支持向量机包括了间隔最大化和高维映射，就像是一部悬疑大片的两条主线，单独拎出来看好像都没有问题，但合在一起问题就来了。又要间隔最大化又要高维映射，听起来鼓舞人心，可是细细一算就不难发现：维度越高意味着间隔最大化的计算量越大，实际运行起来效率可能非常低下，可是如果要照顾效果而削减维度，可能无法完成非线性分布数据映射成线性分布这项重要任务。两条主线互相“打架”，若一条想要完美收场，另一条就只能草草收场，总是不尽如人意。

眼看大片就要“烂尾”，这时化腐朽为神奇的核函数再次出来救场。在支持向量机中，涉及“核”的术语实际上有三个，分别是核函数、核方法（Kernel Method）和核技巧（Kernel Trick），三个术语说复杂也复杂，不过说简单也简单，核方法和核技巧就是提出需求，核函数则是给出解答。换而言之，核函数是一石二鸟，实际上是完成了两项独立的任务。

任务一是完成核方法提出的要求，就是如何将低维非线性数据映射成高维数据，从而变成线性可分。前面我们反反复复介绍的其实就是核方法的内容，但这并不是核函数的全部内容。

任务二是完成核技巧提出的要求，之所以称为“技巧”，是因为核技巧主要是提高核方法的计算效率。前面我们将高维映射和间隔最大化认为是支持向量机的两大部分，按照这种理解，数据应该首先完成高维映射，然后计算间隔，最后再进行间隔最大化，也因此产生了双主线“打架”的问题。

核技巧就是要解决这个问题。计算间隔涉及向量点积运算，如果先进行高维映射再进行向量点积运算，这会导致运算量激增，尤其是高维向量运算，由于参加运算的维度增加了，运算量也会显著增加。

核技巧简化了这个过程：只需要输入原始向量就能通过核技巧计算直接得到正确的点积结果，而不用把两个向量分别完成高维映射，再进行点积运算，即将两项工作用数学技巧一次就完成。由于无论是目标函数还是决策函数都只涉及输入样本与样本之间的内积，这一运算特点使得我们在实际使用支持向量机算法进行学习时，不需要显式地完成高维映射操作，只需要事先定义核函数即可得到等价的结果，还避免了高维向量的运算，明显提高了运算效果。能够同时满足核方法和核技巧两项要求，才是核函数完整的工作内容。

8.2.2　支持向量机分类算法的数学解析

1. 点到超平面的距离

支持向量机以“间隔”作为损失函数，支持向量机的学习过程就是使得间隔最大化的过程，想了解支持向量机的运转机制，首先就得知道间隔怎么计算。而支持向量机对间隔的定义其实很简单，就是作为支持向量的点到超平面的距离的和，这里的距离就是最常见的几何距离。我们用 $\boldsymbol{w}x+b$ 来表示超平面，点到三维平面的距离有现成的公式可以套用：

$$d=\frac{|Ax_0+By_0+Cz_0+D|}{\sqrt{A^2+B^2+C^2}} \tag{8-1}$$

这是初中的几何知识。类似的，对于点到 N 维超平面的距离 r，可以用以下公式计算：

$$\gamma^{(i)}=\frac{(\boldsymbol{w}^{\mathrm{T}}x^{(i)}+b)}{\|\boldsymbol{w}\|} \tag{8-2}$$

其中被除数 $\boldsymbol{w}x^{(i)}+b$ 是超平面的表达式，除数 $\|\boldsymbol{w}\|$ 就是我们前面所讲的 L2 范式的简略写法。点到 N 维超平面的距离的公式计算很简单，形式上与点到三维平面的公式类似，其实当 $\boldsymbol{w}$ 是三维向量时，二者就是等价的。支持向量机就使用这条公式来计算点到超平面的距离。

2. 间隔最大化

支持向量机使用 $y=1$ 表示正类的分类结果，使用 $y=-1$ 表示负类的分类结果，既然 $y=\boldsymbol{w}x+b$ 要么大于或等于 1，要么小于或等于 −1，间隔是由正负类最近的两个数据点，也就是支持向量决定，因此间隔距离也就可以表示为 $\frac{2}{\|\boldsymbol{w}\|}$（见图 8-5）。

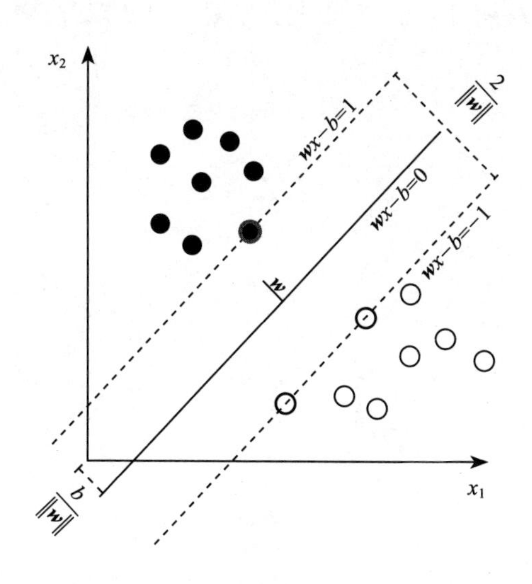

图 8-5　通过支持向量计算间隔

我们的目的就是间隔最大化。2 是一个常数，所以最大化间隔距离可以表示如下：

$$\max \frac{1}{\|\boldsymbol{w}\|} \quad \text{s.t.}, y_i(\boldsymbol{w}^{\mathrm{T}} x_i + b) \geqslant 1,\ \ i=1,\cdots,n \tag{8-3}$$

右边的 s.t. 表示 suject to，意思是受到约束，我们把之前的条件写上，相当于“在……的条件下”，使得左边式子最大。分母越小，分数越大，所以左式也可以表示如下：

$$\min \frac{1}{2}\|\boldsymbol{w}\|^2 \tag{8-4}$$

这个式子看起来计算很简单，就是求极值，但要注意后面多了个约束条件，问题就稍微变复杂了。这里不具体展开，只需要记得可以用拉格朗日乘子法转化成如下拉格朗日函数：

$$L(\boldsymbol{w},b,\alpha)=\frac{1}{2}\|\boldsymbol{w}\|^2+\sum_{i=1}^{m}\alpha_i[1-y_i(\boldsymbol{w}^{\mathrm{T}}x_i+b)] \quad (8\text{-}5)$$

其中 α 被称为“拉格朗日乘子”。上式分别对 $\boldsymbol{w}$ 和 b 求导，并令导数为 0，右式可转化为下式：

$$\sum_{i=1}^{m}\alpha_i-\sum_{i=1}^{m}\sum_{j=1}^{m}\alpha_i\alpha_j y_i y_j x_i^{\mathrm{T}}x_j \quad (8\text{-}6)$$

这时问题就变成了：

$$\max_{\alpha}\sum_{i=1}^{m}\alpha_i-\sum_{i=1}^{m}\sum_{j=1}^{m}\alpha_i\alpha_j y_i y_j x_i^{\mathrm{T}}x_j \quad (8\text{-}7)$$

约束条件为：

$$\text{s.t.}\ \sum_{i=1}^{m}\alpha_i y_i=0 \quad (8\text{-}8)$$

$$\alpha_i\geqslant 0$$

这个式子通常用二次规划算法 SMO（Sequential Minimal Optimization）算法求解。上面的式子转化包含大量复杂的数学概念和运算，这里只需要注意两点，一是支持向量机使用拉格朗日乘子法搭配 SMO 算法求得间隔最大，二是转化式的末尾为计算 $x_i^{\mathrm{T}}x_j$，也就是两个向量的内积。正因为间隔最大化可以转化为向量内积的运算，才使得高维映射可以通过核技巧进行优化。

3. 核函数

高维映射实际上也是一种函数映射，在支持向量机中，通常采用符号 ϕ 来表示这个将数据映射到高维空间的函数，向量 $\boldsymbol{x}_i$ 经过高维映射后就变成了 $\phi(\boldsymbol{x}_i)$，这时超平面的表达式也就相应变成了 $\boldsymbol{w}^{\mathrm{T}}\phi(\boldsymbol{x}_i)+b$。

根据上述间隔最大化的拉格朗日函数，我们知道需要进行两个向量的内积运算，那么映射后的内积运算为 $\phi(\boldsymbol{x}_i)^{\mathrm{T}}\phi(\boldsymbol{x}_j)$。映射后向量变成高维向量，运算量将明显增加，直接运算会导致效率明显下降。

不过，我们也已经观察到，在间隔最大化的运算中只使用了高维向量内积运算的结果，而没有单独使用高维向量，也就是说，如果能较为简单地求出高维向量的内积，同样可以满足求解间隔最大化的条件。我们可以假设存在函数 K，能够满足以下条件：

$$K(\boldsymbol{x}_i,\boldsymbol{x}_j)=\langle\phi(\boldsymbol{x}_i)\cdot\phi(\boldsymbol{x}_j)\rangle=\phi(\boldsymbol{x}_i)^{\mathrm{T}}\phi(\boldsymbol{x}_j) \tag{8-9}$$

这里的函数 K 就是我们前面一再介绍的核函数。有了核函数，所有涉及 $\phi(\boldsymbol{x}_i)^{\mathrm{T}}\phi(\boldsymbol{x}_j)$ 的内积运算都可以通过 $K(\boldsymbol{x}_i,\boldsymbol{x}_j)$ 简单求出，这也就是为什么核函数需要一边完成核方法的高维映射，一边又要完成核技巧的求内积结果。对于已知的映射函数 ϕ，核函数是很容易计算的，但在大多数情况下，使用支持向量机时并不知道映射函数 ϕ 的具体形式，好在数学家已经证明，在这种情况下数学函数只需要满足几个条件，就同样可以作为核函数，也就确保了核函数的存在性。

8.2.3 支持向量机分类算法的具体步骤

支持向量机分类算法是一种有监督的分类算法，输入同样为样本特征值向量，以及对应的类标签，输出则为具有分类功能的模型，能够根据输入的特征值预测分类结果。具体见表 8-1。

表 8-1　支持向量机分类算法信息表

算法名称	支持向量机分类	
问题域	有监督学习的分类问题	
输入	向量 ***X***，向量 ***Y***	向量 ***X*** 的含义：样本的多种特征信息值 向量 ***Y*** 的含义：对应的结果数值
输出	预测模型，为线性函数	模型用法：输入待预测的向量 ***X***，输出预测结果向量 ***Y***

使用支持向量机算法，具体需要三步：

1）选择核函数。

2）核函数完成高维映射并完成计算间隔所需的内积运算，求得间隔。

3）使用 SMO 等算法使得间隔最大。

8.3　在 Python 中使用支持向量机分类算法

在 Scikit-Learn 库中，支持向量机算法族都在 sklearn.svm 包中，当前版本一共有 8 个类。看起来也与其他机器学习算法族一样似乎有不少变种，其实并不太一样，支持向量机算法总的来说就一种，只是在核函数上有不同的选择，以及用于解决不同的问题，包括分类问题、回归问题和无监督学习问题中的异常点检测，具体为：

- LinearSVC 类：基于线性核函数的支持向量机分类算法。
- LinearSVR 类：基于线性核函数的支持向量机回归算法。
- SVC 类：可选择多种核函数的支持向量机分类算法，通过“kernel”参数可以传入“linear”选择线性函数、传入“polynomial”选择多项式函数、传入“rbf”选择径向基函数、传入“sigmoid”选择 Logistics 函数作为核函数，以及设置“precomputed”使用预设核值矩阵。默认以径向基函数作为核函数。
- SVR 类：可选择多种核函数的支持向量机回归算法。
- NuSVC 类：与 SVC 类非常相似，但可通过参数“nu”设置支持向量的数量。
- NuSVR 类：与 SVR 类非常相似，但可通过参数“nu”设置支持向量的数量。
- OneClassSVM 类：用支持向量机算法解决无监督学习的异常点检测问题。

本章所介绍的支持向量机分类算法可以通过 SVC 类调用使用，用法如下：

```
from sklearn.datasets import load_iris
# 从 Scikit-Learn 库导入支持向量机算法
from sklearn.svm import SVC
# 载入鸢尾花数据集
X, y = load_iris(return_X_y=True)
# 训练模型
clf = SVC().fit(X, y)
# 默认为径向基 rbf，可通过 kernel 查看
clf.kernel
```

输出结果如下：

```
'rbf'
# 使用模型进行分类预测
clf.predict(X)
```

预测结果如下：

```
array([0, 0, 0, 0, 0, 0, 0, 0, 0, 0, 0, 0, 0, 0, 0, 0, 0, 0, 0, 0, 0, 0,
       0, 0, 0, 0, 0, 0, 0, 0, 0, 0, 0, 0, 0, 0, 0, 0, 0, 0, 0, 0, 0, 0,
       0, 0, 0, 0, 0, 0, 1, 1, 1, 1, 1, 1, 1, 1, 1, 1, 1, 1, 1, 1, 1, 1,
       1, 1, 1, 1, 2, 1, 1, 1, 1, 1, 1, 1, 1, 1, 1, 1, 1, 2, 2, 1, 1, 1,
       1, 1, 1, 1, 1, 1, 1, 1, 1, 1, 1, 1, 2, 2, 2, 2, 2, 2, 2, 2, 2, 2,
       2, 2, 2, 2, 2, 2, 2, 2, 2, 2, 2, 2, 2, 2, 2, 2, 2, 2, 2, 1, 2, 2,
       2, 1, 2, 2, 2, 2, 2, 2, 2, 2, 2, 2, 2, 2, 2, 2, 2, 2])
```

使用默认的性能评估器评分：

```
clf.score(X,y)
```

性能得分如下：

```
0.9666666666666667
```

8.4 支持向量机分类算法的使用场景

前面我们说过，支持向量机算法是一个集理论优美和实战超强于一身的机器学习算法，在前深度学习时代堪称“王者”，支持向量机算法的出镜率非常高，应用于非常广泛的领域。支持向量机算法最大的优点就在于可以用于解决非线性问题，同时，由于分类采用“支持向量”，训练不需要使用全部数据，它在小样本分类问题上有较好的表现。

核函数是支持向量机的一大核心装备，也是体现数学技巧的地方，但可谓“成也萧何败也萧何”，支持向量机目前仍然缺乏对非线性问题的通解，对于具体问题仍需要个案处理，在部分情况下要找到合适的核函数并不容易，这一限制使得支持向量机不那么易用。另外，原始的支持向量机使用间隔进行分类，因此只适合于二分类问题。

该算法特点总结如表 8-2 所示。

表 8-2 支持向量机分类算法的特点

优点	能解决非线性问题，训练不依赖全部数据，能够较好地解决小样本分类问题，泛化能力强
缺点	对非线性问题缺乏通解，在部分情况下要找到合适的核函数并不容易，原始支持向量机只支持二分类
应用领域	原始的支持向量机只适用于解决二分类问题，但已有多种方法将支持向量机拓展用于多分类问题，支持向量机作为一种热门算法，被广泛应用于各种分类问题，如文本分类等

算法使用案例

国内安全软件厂商 360 推出的使用面很广的安全软件 360 杀毒和 360 安全卫士中都包含了一款名为“QVM 人工智能引擎”的杀毒引擎，官方宣称 QVM 引擎无须频繁升级病毒库，就可以自主查杀各类变种木马病毒。QVM 全名“Qihoo Support Vector Machine”，其实已明确表示用的就是支持向量机，推测原理为首先通过海量的病毒库训练支持向量机模型，然后再在用户本地对当前进程 / 文件是否有害进行分类判别。

CHAPTER 9

第 9 章

K-means 聚类算法

在前面的学习中，我们已经习惯了通过有监督的，也就是有“参考答案”的数据集训练模型，但这绝不是机器学习的唯一方法。机器学习除了有监督学习之外，还有一个大类为无监督学习。实际上，在现实的生产环境中，大量数据处于没有标注的状态，也就是没有“参考答案”的，要使这些数据发挥作用，就必须使用无监督学习。这也是为什么许多人认为无监督学习将会是机器学习的下一个发展方向。在本章我们将学习无监督学习中最为经典的问题——聚类问题，用于解决聚类问题的算法一般称为聚类算法，聚类算法在思路上呈现百花齐放的盛况，我们将通过一种最为经典的聚类算法 K-means，来了解聚类问题的要求和基本解决方法。

9.1 用投票表决实现“物以类聚”

机器学习有两大类学习形式，分别是有监督学习和无监督学习，两者最大的区别在于有没有“监督”，也就是有没有“参考答案”。前面我们讨论了怎样用机器学习算法解决回归问题和分类问题，这两类问题都属于有监督学习，也就是说，这些问题的数据集都可以划分成训练集和测试集，其中至少在用于训练模型的训练集中包含了“参考答案”。譬如分类问题的训练集，每一条样本最后都会明确告诉你，在正确分类的情况下这条样本应该属于哪个类。在有监督学习下，机器学习要做的就是让算法模型根据输入，尽可能地使预测结果与“参考答案”一致。

有监督学习的这套流程方法很好理解，因为在日常生活中我们也是按照这种方法进行学习的，最有名的就是大家深恶痛绝的“题海战术”，“题海战术”就是认为学生可以通过大量做题然后对照参考答案纠错的办法，来快速提高答题的正确率。

不过这种方法有一个显而易见的局限，就是必须要有参考答案。要知道参考答案不是天生就有，而是需要老师或者其他有经验的专业人员来编写完成的。在机器学习中，给数据写“参考答案”称为数据标注任务，或者给数据打标签，这些工作同样是需要人工来完成。人力资源总是稀缺的，而部分涉及专业知识的数据更是需要经过专门培训的人员才能完成，进一步提高了用人成本。相比之下，在互联网时代，各个方面都会产生海量的数据，人工标注的速度不可能赶上数据产生的速度，这就意味着大部分数据都缺乏人工标注，无法通过有监督学习的方法进行机器学习。

这个时候就需要用到无监督学习了。虽然相比之下，目前无监督学习远没有有监督学习曝光频率这么高，听着也不那么主流，但无监督学习对于海量数据的分析处理，如探索数据的组成结构，有着得天独厚的优势。由于标注数据不足的问题始终是有监督学习的一大心病，因此业界也逐渐开始探索将有监督学习和无监督学习结合在一起，首先通过聚类等无监督学习的算法处理数据，通过各种假设和结合聚类结果来给数据打标签，然后再把这些数据输送给有监督学习来进行建模训练，使得未经人工标注的数据，也能起到提高有监督学习模型预测准确度的效果。这种集两家之长的方法称为半监督学习，是当前机器学习研究的热点之一。

聚类问题是无监督学习中最为常见的一种问题，也许因为“无监督”的缘故，聚类算法可以用百花齐放来形容，相比有板有眼的有监督学习算法，各种聚类算法的想法可谓天马行空，一章的篇幅不可能把各种突破天际的想象力统统网罗进来，这里选取了最为经典的 K-means 聚类算法作为代表。

K-means 是一款知名度最高的聚类算法之一，其以原理简明、实现容易等优点被广泛使用。通过 K-means，一方面可以了解聚类所需要面临的共性问题，另一方面也提供了面对问题的思考方法和实际可行的解决思路。请关注以下内容：

- 聚类问题
- 簇
- 质心
- 多数表决

9.1.1　聚类问题就是“物以类聚”的实施问题

在开始了解聚类算法之前，先来了解一下聚类问题（Clustering）是一类怎样的问题，为什么可以不需要参考答案就可以完成学习。聚类问题本身是非常容易理解的，比回归问题和分类问题要更接地气。我们有句老话：“物以类聚，人以群分”，其中的“物以类聚”就正是这里所说的聚类问题。

那么，满足什么样条件的“物”才会作为同一类聚在一起呢？

这是聚类问题的关键。我们也有句老话叫“趣味相投”，以前我们小学的班主任就特别爱用。当然了，小学班主任大多都是教语文的，说起话来文绉绉，这句话的通俗版就是“你们身上有相似的地方，所以互相吸引”。这句话就解决了聚类问题最基本的原则：找相似。

前面一再强调，无监督学习是没有参考答案的。当我们已经习惯了用有监督的思路去解决问题时，会发现这个前提条件简直摧毁了前面所学的所有机器学习的基础。聚类也好，分类也好，总得先有个类。如果我没有参考答案，也没有任何其他标准告诉我什么样的样本该归为什么类，那么我又怎么可能对当前数据按类划分呢？简直难以想象。

所以，无监督学习要解决的问题都是不需要参考答案的问题，或者都是“答案就藏在问题身上”的问题。这么说也许让你挺困扰，我们还是举一个具体的例子。

验证码是一项很常见的人机验证机制，被认为是“黄牛克星”。为了防止机器冒充人类用户“刷票”，验证码的设计也是煞费苦心，某网站更是把验证码“玩”出了新高度，连人类用户都不一定能通过验证。验证码要发挥作用，肯定得有一个判别过程，从验证服务器的角度看，用户输入一段验证码，我怎么才能判断输入是不是正确的呢？最容易想到的做法当然是预先设定参考答案，然后简单比较一下是否一致即可。但这个办法对于Google来说却无法使用。前面说过海量数据缺乏人工标注是一种普遍现象，Google把标注数据切分成验证码，巧妙地让用户替Google完成标注工作，譬如把影印的古书切一段文字让用户输入里面写了什么，或者把待标注的图片切成几块，让用户从中找出小汽车或红绿灯等特定标记物。这个想法让人拍案叫绝，这下若想要使用Google的服务，首先就得免费给Google打工。不过，这也带来一个问题，既然是待标记数据，那么Google自己也不知道参考答案，验证码首要的工作是验证，这样一来岂不成了舍本逐末，无法判断用户输入的验证码是不是正确了？

Google想到的解决办法简单直接，就沿用了我们前面介绍的“多数表决”原则。简单来说，Google的验证码服务器会在同一时间段内向用户发出同一批验证码，当用户返回输入数据后，服务器认为其中占比最大的那一类就应该是这批验证码的正确输入，并以此判断用户的输入是否正确。就是用这种简单的方法，Google轻而易举地解决了没有参考答案而进行判别的问题。当然，这里也存在一种前提假设，那就是用户所输入的验证码中输入正确的总是占主流。任何巧妙的解决方案都依赖特定的前提条件，否则就成为闭门造车。

大多数机器学习的教材都采取直奔主题的策略，只管讲什么是分类算法、聚类算法，不但算法之间井水不犯河水，而且问题之间也是老死不相往来，似乎聚类与分类都带个“类”字只是巧合，而不愿与其中的思辨过程做过多纠缠。

但如果能说清楚二者的联系，也许你未来就能更好地理解为什么聚类算法和分类算法可以搭配使用，从而更好地理解可能成为机器学习未来发展方向的半监督学习。今天我就斗胆来纠缠一番。有监督学习的数据都需要经过标注，这是它的特点，也是短板，分类问题也不例外，所有的训练集样本已经标注好了归属于哪个类别，模型算法只管去拟合就好。

但这就有一个问题：类从何来？

总不能说我们都从水果店里买水果，就认为水果天然长在水果店吧？水果需要经过花费一番人工搬运进店，分类问题里的类也是如此，也需要花费一番人工根据一定的标准才划分出来。划分类别的具体标准五花八门，但基本原则就是班主任在前面所强调的“身上有相似的地方”。

不妨简单从一种古生物切入来探讨这个问题。雷龙是一种赫赫有名的恐龙，体重 24 ～ 35 吨，体长 21 ～ 27 米，光是脖子就长达 8 米，是陆地上存在的最大动物之一。想象一下，这种小山一般的恐龙喜欢成群结队地行进，场面一定小不了，多半是脚下大地震动，耳边雷声隆隆，雷龙也因此得名。

然而许多人并不知道，站在博物馆角落默默不语的雷龙实际上是真实版的“王者归来”。作为一类物种，“雷龙”曾一度消失了一百余年。也许你不明白，恐龙不是早在几千万年前就灭绝了吗，现在剩下的都是地里挖出来的化石，它又怎么能再消失呢？

事情是这样的：恐龙的名称当然都是人类后取的，当年霸王龙还存在的时候，出门捕食自报家门是不会称呼自己“霸王龙”的，所以不妨认为恐龙的名称就是人类给恐龙所分的类，同一种名字自然就是同一类恐龙了。

“雷龙”这个名称首次出现是在 1879 年，一位名叫马什的古生物学家将发现的巨大化石骨架命名为“雷龙”，拥有庞大身躯的雷龙正式走入人们的视野并迅速闻名。但在 1903 年，学术界发现雷龙的许多特征都与另一类名为“迷惑龙”的恐龙很相似，认为二者就是一类恐龙（用生物学的说法叫同一个属），恐龙命名有着严格的规范，依据的是得名优先权原则，因此，出现较晚的“雷龙”这一名称被取消了，直到 2010 年，科学家对雷龙的研究又有了新的进展，发现雷龙与迷惑龙还是存在较大的差异，应该分为两类恐龙，“雷龙”这一类恐龙才又被重新命名。

雷龙总算“王者归来”，可是，是什么在推动其中的进程发展呢？是特征的异同。判断一个新发现的恐龙化石究竟是属于一类新的恐龙，还是已发现恐龙的某一种，依靠的是恐龙化石所呈现的一系列特征，包括头骨形状、鼻腔位置、头身比以及尾部是否有尖刺等，我们简单地用字母来表示。1903 年，学术界认为雷龙应该划为迷惑龙的过程大概如下。

科学家首先研究了迷惑龙的化石特征，提炼出A、B、C三个特征点，然后拿来雷龙化石一比较，发现这三个特征在雷龙化石身上都能找到，科学家想起学术界有一条规则，存在三个特征相同就可归为同一类。于是得到结论：是同一类。如下所示。

迷惑龙特征	A	B	C	结论
雷龙化石	有	有	有	同类

到了2010年，科学家又重新研究了迷惑龙的化石特征，新发现了D、E、F、G四个特征点，然后又拿来雷龙化石进行比较，发现雷龙并没有这些特征，科学家又想起学术界还有一条规则，存在两个特征不相同就不能归为同一类。于是又得到结论：不是同一类。如下所示。

迷惑龙特征	A	B	C	D	E	F	G	结论
雷龙化石	有	有	有	没有	没有	没有	没有	不同类

雷龙在地里埋了上千万年，被挖出来后又花了一百年时间，反反复复地就想要告诉我们，所谓的分类就是找共同点：相同点多了就是同一类，不同点多了就不是同一类。

下面我们就可以来看一看，K-means聚类算法究竟依靠什么办法在数据集中寻找相同点。

9.1.2　用“K”来决定归属类别

在聚类问题中，“簇”（Cluster）是一个处于核心位置的概念，只要涉及聚类问题，“簇”就一定会出现。“簇”这个字并不太常见，也许初见会被吓一跳，请放心，这是个很简单的词儿：样本数据集通过聚类算法最终会聚成一个个“类”，这些类在机器学习的中文术语里就称为“簇”。

为什么要强调“中文”？因为在英文原文中，“聚类”的单词为Clustering，而“簇”的单词为Cluster，从词形就可以很直观地看出后者正是前者的行为结果。将Cluster翻译为“簇”，反而不那么容易看出它与聚类的关系。

知道了聚类和簇之间的关系，应该就不难理解聚类问题就是把一个个天女散花般的样本数据点汇聚成一个个老老实实的簇，方法也简单，核心思想就是“合并同类项”。

但是，这里就遇到了聚类的第一个问题：应该汇聚成多少个簇？

我们知道，对于分类问题，由于参考答案是已经给定的，所以有多少个类是已知条件。但到了聚类问题，样本数据点经过聚类之后会形成多少个簇，事先是未知的。而选择不同的簇个数，可能会产生不同的聚类结果。譬如现在有方块和圆两种图形，方块和圆又各有红、橙、蓝 3 种颜色，如果簇的个数为 2，聚类结果可能为方块簇和圆簇，也就是按图形来聚类，而如果簇的个数为 3，聚类结果就可能成为红簇、橙簇和蓝簇，也就是改为按颜色来聚类（见图 9-1）。

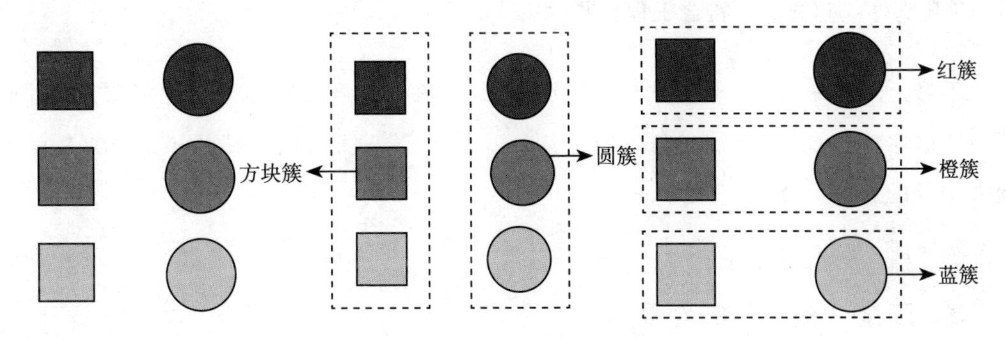

图 9-1　簇的个数不同得到的聚类结果也不同

因此，聚类最终将产生多少个不同的簇也是聚类算法首先需要面对的问题。

不同的聚类算法采取了不同的思路，主要分为划分法、层次法、密度法和网格法，不过解决思路概括起来无非两种，一种是预先设定有多少个簇，另一种则是其在聚类的过程中形成。

划分法是最简单、最容易实现的聚类算法，所谓划分，就是预先假设待聚类的 n 个数据将能划分为 K 个区域（K 小于或等于 n），即聚类后形成 K 个簇，在这个假设基础上再采取各种手段完成聚类，也就是采取第一种解决思路。K-means 算法就是一种具有代表性的典型划分法。

K-means 聚类算法与前面的 KNN 分类算法一样，都带有字母“K”，前面我们说过，机器学习喜欢用字母“K”来表示“多”，就像数学中常用字母“n”来表示类似的意思。但，这个 K 究竟是什么含义呢?

我们已经知道，在多数表决类的算法中，最终的结果完全依赖于表决，表决的过程清晰明确，唯一可能发生变化的就是表决权问题。这个“多数表决”是有一个前置条件的，而这个 K 正是框定表决范围的决定性因素，完整的说法应该是“在 K 以内的多数表决”。

在聚类数据中没有额外的标记，也即没有“参考答案”，正所谓“一千个人眼里有一千个哈姆雷特”，如果只是随意“佛系”聚类而一点儿也不加以控制的话，那么结果真的只能随缘了，这显然不符合工程需要。

不过，回想一下，虽然数据没有类别标识，但有几个类是可以预先想定的，就好比我不知道你是上、中、下哪一等，但上、中、下这三等是我知道的，K-means 的 K 就是聚 K 个类的意思。

9.1.3 度量“相似”的距离

聚类的基本原则就是“找相似”，说明聚类过程就是让相似的样本互相抱团的过程。不过，这个原则简单易懂，但实际操作起来就遇到了聚类的第二个大问题：怎样量化相似?

仔细一想就会发现，“相似”其实并不是一个很具体的指标，而只是一种结果，譬如我和你是同一类人，这里的“同一类”可能指性格，也可能指爱好，甚至可能只是指特别容易在夏天感冒，究竟指的是什么还需要翻一翻上下文，也就是需要确定比较的标准。聚类也一样，你可以抱团取暖，但首先得明确一个度量相似的标准。

好在机器学习对于度量相似已经有了现成的标准，只需要拿过来用就行了。还记得前面我们介绍 KNN 分类算法时，虽然它是分类算法，但用的也是“物以类聚，人以群分”这一同款口号。经过前面的描述你许也已经感觉到，KNN 分类算法和 K-means 聚类算法有很多相近的地方，不但采用同款口号，而且同样顶着字母“K”来代表多数表决原则，两者在初学时很容易混淆，不过当然它们也是有本质区别的，这个话题我们后面再说。

KNN 分类算法要做的是“找朋友圈”，并使用了“距离”作为度量工具。朋友圈是怎么形成的呢？不也正是“趣味相投”的样本数据点聚集而成的！所以，我们只需要换个角度，把 KNN 的“朋友圈”看成是 K-means 要找的“簇”，就可以用同样的度量工具作为量化相似的标准，来解决聚类问题。

不过，虽然 K-means 和 KNN 有诸多相似之处，但毕竟二者要解决的问题存在性质上的不同，因此算法上肯定也同样存在显著区别，其中最明显的就是 K-means 聚类算法还需要解决最后一个重要问题，这就是“找质心”，这也是算法名称中“means”的由来。

9.1.4 聚类问题中的多数表决

在本节，我想首先捋一捋 K-means 聚类算法和 KNN 分类算法的“爱恨情仇”。在本书介绍的机器学习算法中，有两组算法在初学时非常容易混淆，第一组是线性模型同根所生的线性回归和 Logistic 回归，都可以简写为“LR”，它们的区别前面已经讨论过了，而另一组则为 KNN 分类算法和本章的 K-means 算法。

KNN 和 K-means 两款机器学习算法有着诸多相似之处，出发点都是“物以类聚，人以群分”，都采用了多数表决原则，而且都以“距离”作为相似的量化度量。其中最显眼的相似点就是它们的名字中都带有首字母“K”，对于“K”我们已经一再介绍，相当于数学里的“n”，代表“多”的意思。字母“K”的出现往往还预示着这款算法将使用多数表决原则，这既是 KNN 算法和 K-means 算法最大的相同之处，同时也是最大的不同之处。

K-means 和 KNN 算法的最大不同在于问题，KNN 算法用于解决分类问题，所以多数表决的表决内容是“当前待分类样本点属于哪一个分类”，也就是总会有一个待判别样本点，可以以该点为中心、以距离为度量工具找到邻近样本点，也就是找到“朋友圈”以划定表决权，然后由圈中样本点来进行表决。

这与K-means算法想要达到的目标异曲同工。想象一下，假设聚类问题的样本数据也能找出K个中心点，就能同样以该点为中心、以距离为度量划出范围来，将同一范围内的数据样本点作为一个簇，也就可以实现聚类的效果了。

可最大的问题是没有这个中心点。虽然同样是多数表决，但K-means算法表决的是聚类问题，是“咱们是不是同一个簇”，即大家都是待判别，并没有任何一个样本数据点可以作为中心点，后面似乎也就无从谈起了。

不过，希望总是从绝望中出现，没有条件就创造条件好了。既然有中心点可以完成聚类，那么创造一个中心点不就可以了。K-means算法真的就创造出了K个中心点，称为“质心”。

也许你已经迫不及待：K-means算法会想出什么精巧的破局妙招？但很可惜，实际上K-means算法选择质心的方法极其简单，你不就是想要K个点作为质心吗，那好办，聚类数据虽然缺中心点，但不缺点，在数据集中随机选取K个点作为质心不就解决了吗！随机选取就是K-means算法初始化K个质心的全部内容，再没有别的了。

但这并没有解决问题。你肯定已经隐约感觉到了，随机选择虽然解决了聚类数据没有中心点的问题，生成了K个质心，但是我们的最终目的并不是要K个质心，而是希望能依赖这K个质心完成聚类。那么随机选择的问题出在哪里呢？就出在随机上。我们其实有点儿事后诸葛亮，希望所找到的质心正好就是完成聚类后的K个簇的中心点，而不是随随便便靠扔骰子得到的K个随机样本点。

不过，现在我们正是因为不知道该如何分簇才需要找到K个质心，有什么办法能让诸葛亮在事前就知道事后的结果呢？这个时候，“means”就站了出来。“mean”是均值的意思，我们可以用均值来调整质心，从而让随机选取的K个质心也能最终达到我们所期望的目标。

假设现在我们通过 K 个质心得到了 K 个簇，现在需要做的是怎样让这 K 个簇形成新的质心。做法有很多，K-means 算法选择了最简单的一种：求平均。每个簇都有若干数据点，求出这些数据点的坐标值均值，就得到了新质心的坐标值。

这里结合实例来直观看新质心计算过程和效果。假设一个簇中有三个数据点，分别为 [2,2]、[3,3] 和 [3,2]，在坐标轴上的图像大致呈直角三角形的三个顶点排列（见图 9-2）。

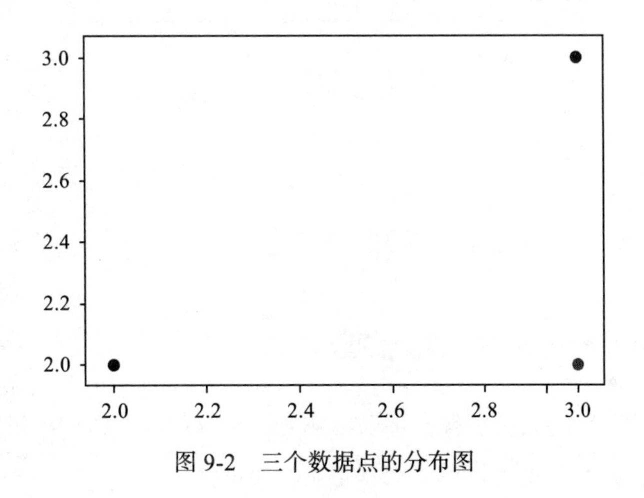

图 9-2　三个数据点的分布图

新质心的坐标也需要包括 X 轴和 Y 轴两项坐标值。X 轴的坐标值为 3 个样本点 X 轴坐标轴的均值，也就是 $\frac{2+3+3}{3}\approx 2.667$，同样 Y 轴的坐标为 3 个样本点 Y 轴坐标轴的均值 $\frac{2+3+2}{3}\approx 2.333$，也就是新质心的坐标为 [2.667, 2.333]。通过均值方法计算出来的质心，大概处于该簇的中心位置，见图 9-3。

这其实也是一种变相的多数表决。根据全体拥有表决权的数据点的坐标来共同决定新的质心在哪里，而表决权则由簇决定。在 K-means 聚类的过程中会多次经历质心计算，数据点归属于哪个簇可能会频繁变动，所以，同一个数据点可能在这一轮与一群样本点进行簇 A 的质心计算，在下一轮就与另一群样本点进行簇 B 的质心计算。这也是该算法与 KNN 算法较为不同的地方。

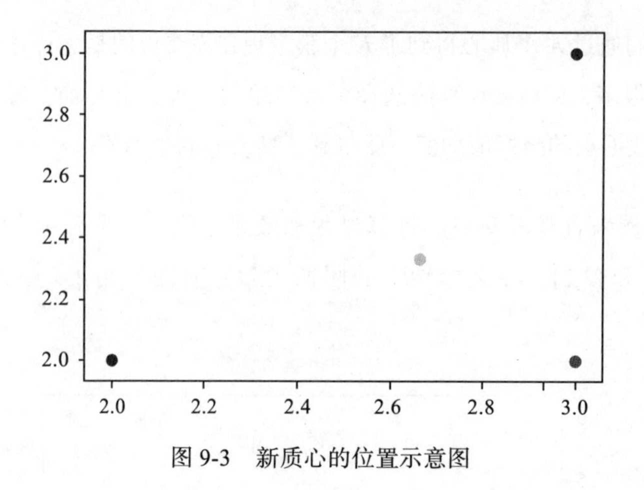

图 9-3 新质心的位置示意图

9.2 K-means 聚类的算法原理

9.2.1 K-means 聚类算法的基本思路

K-means 聚类算法的聚类过程，可以看成是不断寻找簇的质心的过程，这个过程从随机设定 K 个质心开始，直到找到 K 个真正质心为止。

首先可以确信的是，无论产生过程如何，既然现在有了 K 个质心，对于其他数据点来说，根据其距离哪个质心近就归为哪个簇的办法，可以聚成 K 个簇。但请注意，这只是第一步，并不是最后完成聚类的结果。

第二步是关键。对于聚成的 K 个簇，需要重新选取质心。这里运用了多数表决原则，根据一个簇内所有样本点各自的维度值来求均值，得到该簇的新的坐标值。

第三步是生成新的质心。其实即重复，对于根据均值计算得到的 K 个新质心，重复第一步中离哪个质心近就归为哪个簇的过程，再次将全部样本点聚成 K 个簇。经过不断重复，当质心不再变化后，完成聚类。

总结一下，其实就是首先逐个计算数据集点到 K 个质心的距离，根据距离的远近，将数据集点分别划归距离最近的质心，也就是根据距离质心的远近完成一次聚类，形成 K 个类；然后就是选取新质心，这其实是一次对聚类内的所有数据点进行求均值计算。重复上述两个过程，也就是生成新质心后重新进行聚类，然后根据聚类结果再次生成新质心。一直重复这个过程，聚类就结束了。

9.2.2 K-means 聚类算法的数学解析

1. 找质心过程的本质

前面我们介绍了 K-means 算法的整个流程，也许通过描述已经能建立起一幅比较具体形象的图景了，不过有个地方也许还不那么直观。在 K-means 算法聚类过程中，确定新的质心是一项非常核心的工作，前面有意无意地假设：冥冥中总会有 K 个完美的质心，我们需要做的就是不断更新直至找到它们。其实，用数学的语言能够更为直观地解释我们到底在找什么。

一言以蔽之，就是让簇内样本点到达各自质心的距离的总和最小。能够满足这个“最小”的 K 个质心，就是我们要找的质心。这样一表述，要找的目标就具体多了。下面我们使用数学的语言进行描述，也许会更加明了清晰。

2. 距离的度量

既然我们的目的是要让“距离的总和最小”，那么第一步就是确定如何度量距离。K-means 算法使用欧几里得距离。在介绍 KNN 分类算法时，我们介绍过度量距离的范式闵可夫斯基距离，令 P=2 时的闵可夫斯基距离就是欧几里得距离，数学表达式如下：

$$d_2(x,y)=\sqrt{\sum_{i=1}^{n}(x_i-y_i)^2} \tag{9-1}$$

假设第 j 个簇内有 n 个数据点，根据上式，该簇的各个样本点到质心 μ_j 的距离的总和为：

$$\sum_{i=0}^{n}(\|x_i-\mu_j\|^2) \tag{9-2}$$

其中质心 μ_j 是簇内所有数据样本点取均值求出来的。我们的最终目标是找到 K 个簇组成的集合 C，使得每个簇内数据样本点到质心的距离都能达到最小，从而使距离的总和最小，也即：

$$\sum_{i=0}^{n}\min_{\mu_j \in C}(\| x_j - \mu_i \|^2) \tag{9-3}$$

对于 K-means 的数学表达式还有另一种解释，将距离看成是簇内数据样本点与质心的平方误差，平方误差越小，说明簇内数据样本点围绕质心越紧，通过最小化平方误差，也就找到了数据样本点最“扎实”的 K 个簇。

9.2.3 K-means 聚类算法的具体步骤

K-means 算法是一种无监督的聚类算法，与之前算法最大的区别在于输入只有样本特征值向量，而不再具有类别标记 Y，输出则为具有分类功能的模型，能够根据输入的特征值预测分类结果。具体如表 9-1 所示。

表 9-1 K-means 聚类算法信息表

算法名称	K-means 聚类	
问题域	无监督的聚类算法	
输入	向量 $\boldsymbol{X}$	向量 $\boldsymbol{X}$ 的含义：样本的多种特征信息值
输出	预测模型，为是否为该类	模型用法：输入数据 $\boldsymbol{X}$，输出对应的簇编号

K-means 算法的思路在前面介绍过，很简洁，实现也很简洁，具体分五步：

1）随机选取 K 个对象，以它们为质心。

2）计算数据集到质心的距离。

3）将对象划归（根据距离哪个质心最近）。

4）以本类内所有对象的均值重新计算质心，完成后进行第二步。

5）类不再变化后停止。

9.3 在 Python 中使用 K-means 聚类算法

在 Scikit-Learn 机器学习库中，最近邻模型算法族都在 cluster 类库下，当前版本一共有 10 个类。根据前面其他算法的介绍，同一算法族类各款算法都是大同小异，大的原理都相同，只有细部增减，但聚类算法正好相反，看似都是想把对象聚成 *K* 个类，但方法却似百花齐放，具有代表性的几个类如下。

- KMeans 类：这个类就是本文介绍的 K-means 聚类算法。
- MiniBatchKMeans 类：这是 K-means 算法的变体，使用 mini-batch（小批量）来减少一次聚类所需的计算时间。mini-batch 也是深度学习常使用的方法。
- DBSCAN 类：使用 DBSCAN 聚类算法，DBSCAN 算法的主要思想是将聚类的类视为被低密度区域分隔的高密度区域。
- MeanShift 类：使用 MeanShift 聚类算法，MeanShift 算法的主要方法是以任意点作为质心的起点，根据距离均值将质心不断往高密度的地方移动，也即所谓均值漂移，当不满足漂移条件后说明密度已经达到最高，就可以划分成簇。
- AffinityPropagation 类：使用 Affinity Propagation 聚类算法，简称 AP 算法，聚类过程是一个“不断合并同类项”的过程，用类似于归纳法的思想方法完成聚类，这种方法被称为“层次聚类”。

本文所介绍的 K-means 聚类算法可以通过 KMeans 类调用，K-means 算法中的“K”，也即聚类得到的簇的个数可以通过参数“n_clusters”设置，默认为 8。使用方法具体如下：

```
# 导入绘图库
import matplotlib.pyplot as plt
# 从 Scikit-Learn 库导入聚类模型中的 K-means 聚类算法
from sklearn.cluster import KMeans
# 导入聚类数据生成工具
from sklearn.datasets import make_blobs

# 用 sklearn 自带的 make_blobs 方法生成聚类测试数据
n_samples = 1500
# 该聚类数据集共 1500 个样本
X, y = make_blobs(n_samples=n_samples)
```

```
#进行聚类，这里n_clusters设定为3，也即聚成3个簇
y_pred=KMeans(n_clusters=3).fit_predict(X)

#用点状图显示聚类效果
plt.scatter(X[:, 0], X[:, 1], c=y_pred)
plt.show()
```

最终的聚类效果如图9-4所示，不同类用不同颜色标记。

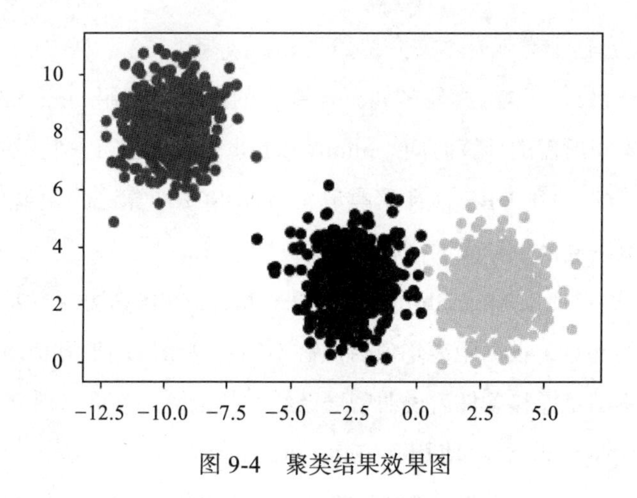

图9-4　聚类结果效果图

需要特别说明的是，这里的“y_pred”和分类算法中的“y_pred”不同，不应该理解成是对类别的预测，而应该作为“聚类后得到的簇的编号”来理解，本段代码中y_pred的值其实是每个样本对应的簇的编号，实际值如下：

```
array([0, 0, 1, ···, 0, 0, 0])
```

9.4　K-means聚类算法的使用场景

K-means算法原理简单，实现容易，能够很快地实现部署；聚类过程中只涉及求均值运算，不需要进行其他太复杂的运算，执行效率较高，而且往往能取得较好的聚类效果。因此遇到聚类问题，不妨首先选择使用K-means算法，可能一上来就把问题给解决

了，而且原理也容易说清楚。

虽然简单不是缺点，但K-means算法当然还是存在缺点的，最明显的问题就是需要先验地设置“*K*”，也就是根据外部经验人为地设置聚类的簇的个数。同时，由于需要求均值，这就要求数据集的维度属性类型应该是数值类型。此外，K-means算法使用随机选择的方法初始化质心，不同的随机选择可能对最终的聚类结果产生明显影响，增加了不可控因素。最后，“K-means”中的“means”也会带来一些原生的问题，如果数据集中出现一些孤立点，也就是远离其他数据集点的数据点时，会对聚类结果产生非常明显的扰动。

该算法特点总结如表9-2所示。

表9-2 K-means聚类算法特点

优点	原理简单，实现容易，运算效率高
缺点	需要人为地设置聚类的簇的个数，只适用于特征维度为数值类型的数据，随机初始化可能影响聚类的最终效果，对孤立点非常敏感
应用领域	适用于特征维度为数值型的聚类问题，如通过体育赛事中运动员的各类表现数据进行聚类

算法使用案例

聚类算法作为一种相当有用的部件，在许多细分领域都有应用，应该是最为常见的无监督算法。聚类算法在很多小功能上都有应用，一个日常应用例子是新闻聚合，如Google News会通过新闻聚合功能，将相同话题的新闻聚类，自动生成一个个不同话题的聚合新闻专栏，而其背后实现的技术就是聚类算法。

CHAPTER 10

第10章 神经网络分类算法

如今“人工智能”已经红得发紫，哪怕是计算机科学的门外汉，也正煞有介事地谈论要当心被人工智能抢了饭碗。我们在开篇就已经介绍，人工智能是一个很泛的领域，现在人们谈论“人工智能”时究竟在谈什么呢？是深度学习。那么谈论深度学习又究竟是谈什么呢？是神经网络。深度学习在当下的人工智能领域确实大有席卷天下、包举宇内的势头，但它绝不是凭空出现，在上一轮回它的名字叫“神经网络”。本章将介绍神经网络，通过神经元和兴奋传递介绍神经网络的基本结构框架，然后介绍激活函数和反向传播这两个构件，它们十分重要，一直沿用至深度学习。

10.1 用神经网络解决分类问题

本章是本书介绍机器学习算法的最后一章，在此之前，有监督学习、无监督学习、回归问题、分类问题、聚类问题这些机器学习中最为重要的概念，以及线性回归、朴素贝叶斯、决策树、支持向量机等群星闪烁的经典机器学习算法。在本章，我们将介绍神经网络算法。

神经网络算法也称为人工神经网络（Artificial Neural Network，ANN），名字听起来很厉害，实际战斗力也确实很强。前面我们已经说过，神经网络算法和当下知名“网红”深度学习（Deep Learning）算法是一脉相承，这也是为什么我选择了神经网络来担起本书压轴的荣耀。

现在深度学习大红大紫，很多人难免在学习机器学习时会在心里嘀咕：学习其他算法真的还有必要吗？这个问题不太好回答，要从另一个问题说起：你知道神经网络算法用了多长时间来发展吗？

五年？十年？也许当下铺天盖地的宣传报道让你觉得这些都是最近才出现的新潮词儿，但实际上神经网络算法提出得非常早，早在20世纪四五十年代，也就是人类刚刚发明电子计算机时就提出来了。

为什么从“出道”走到“大热”，要花这么长的时间？

答案为两个字：性能。

很多介绍机器学习算法的教材喜欢一上来就“扔”公式，然后钻研各个细节，这样很难把握算法的总体面貌，还很容易让读者潜移默化形成一种印象：这套算法从一落地就“长”这样。

不是这样的。在达尔文发表《进化论》之前，人们也以为生物从来就长这样，《进化论》提出之后人们才慢慢意识到，物种都是经历了漫长的演化过程，为了适应自然而始终处于不断变化之中。算法也是如此。

就拿神经网络算法来说，神经网络算法有“三宝”，神经元、激活函数和反向传播机制。无论翻开哪套教材，只要时间不太久远，介绍神经网络时一定都少不了这三件套。为什么要加上一句“时间不太久远”呢？因为现在看起来如影随形的神经网络三件套，实际上是算法长期发展的结果。

最早被提出的是神经元，又称为M-P模型，它用数学模型模拟了生物神经元所包含的细胞体、树突、轴突和突触等生理特征。接着最原始的神经网络算法感知机算法也提出来了，由于这时还没有激活函数，输出实际都是输入的线性组合结果，效果自然相当有限。也许你已经想到了，只要简单引入非线性函数就能打破这个局限，所以这个问题也就翻了个小浪花，非线性函数以“激活函数”的身份被加进神经网络算法，很快神经网络算法就达到了第一个发展高潮。

但好景不长，梦魇一般的马文·闵斯基出现了，这位图灵奖得主举起事实的大棒，证明了单层的神经网络永不可能解决非线性问题，将神经网络的大好前景砸了个粉碎。你也许会问，既然只是单层神经网络无法解决线性问题，那么多加几层神经网络不就好了，深度学习之所以称为“深度”，不就是因为神经网络的层数有很多吗？多层神经网络确实能有效绕过这一理论壁垒，发挥出惊人的函数拟合效果，这也正是深度学习成功的关键。但当时并没有一套很好的机制来解决多层神经网络的误差传递问题，简单来说，就是当时的人们还不知道应该怎么训练多层神经网络，很多人甚至不相信多层神经网络也是能同样训练的。

因此，马文·闵斯基让当时绝大多数的神经网络研究者感受到了最彻底的绝望，甚至纷纷选择转行。就在神经网络算法也即将步恐龙的后尘走向灭绝的当口，反向传播（Back Propagation，BP）算法宛如神兵天降，力挽狂澜。反向传播算法有效解决了多层神经网络的误差传递问题，今天的深度学习在多层神经网络中传递误差用的也还是反向传播算法。借着反向传播算法的东风，久蛰的神经网络算法终于收复失地，迎来了第二个发展高潮。

大概是20世纪八九十年代，神经网络算法的“三件套”就已经悉数登场了，那么为什么直到最近才迎来深度学习的大爆发呢？其中有许多复杂的原因，既包括神经网络算法理论不清晰，而这期间又正好出现了支持向量机这款从理论到实践极具口碑的“梦想”算法，也包括以Yoshua Bengio、Yann LeCun和Geoffrey Hinton（人称“深度学习三巨头”）为首的研究人员还需要十来年的时间才打磨出效果出色的卷积层、池化层等神经网络部件，但根本原因我认为还是那两个字：性能。很容易忽略的是，算法不仅是抽象的理论，设计上再无可挑剔的算法最终也需要依赖硬件运行，而硬件性能上的瓶颈也就成为算法的实际瓶颈。神经网络算法具有良好的延展性，可以堆砌出非常复杂的结构，这一方面意味着神经网络算法十分“吃”硬件，另一方面也意味着简单地堆砌硬件也能取得算法效果的极大提升。在计算机硬件资源匮乏的20世纪八九十年代，这个性质是使神经网络变得黯淡的重要原因，也是深度学习在计算机硬件“白菜化”的今天掀起神经网络第三个发展高潮的重要原因。

尺有所短，寸有所长，这既是我对为什么神经网络在前两次那么困难的情况下仍未被彻底放弃的回答，也是对为什么在深度学习大行其道的当下不应该只学这一家的回答。下面我们正式介绍神经网络，请注意以下 4 个概念：

- 神经元
- 兴奋传递
- 激活函数
- 反向传播机制

10.1.1 神经元的“内心世界”

创造智能一直是人类的梦想，而最好的模板就是人类自身，前面介绍 M-P 模型时提到神经元模拟了生物神经元的细胞体、树突、轴突和突触，很多介绍神经网络算法的教材也都会选择从讲解生物神经元细胞的生理结构示意图开始，这种方式会让初学者以为，机器学习的神经网络就是对生物学神经网络的模拟仿真，这其实是一种误解。

神经网络算法无疑是一类仿生学算法，但要学习神经网络算法的思想，研究这款算法向生物学借鉴了什么机制，关键不在于神经细胞的每个部分都叫什么名字。熟悉本书风格的你一定已经知道，这些生物学上的术语确实能堆砌出深奥的感觉，但我们更关心的是神经细胞和神经细胞构成了怎样的机制，这些机制又是怎样被用于解决我们想要解决的问题的。

如果不用管一大串恼人的术语，光看长相，生物神经元细胞其实挺好懂的，大概可以想象成一只顶着“爆炸头”的蝌蚪，而 M-P 模型所谓模拟神经元细胞树突、轴突什么的，说穿了无非就是能接受输入然后产生输出，外部数据从蝌蚪的尾巴输入，经过圆脑袋处理之后，再输出到外部。我们将数据流向用箭头表示，用圆圈表示神经元，一枚神经网络的神经元如图 10-1 所示。

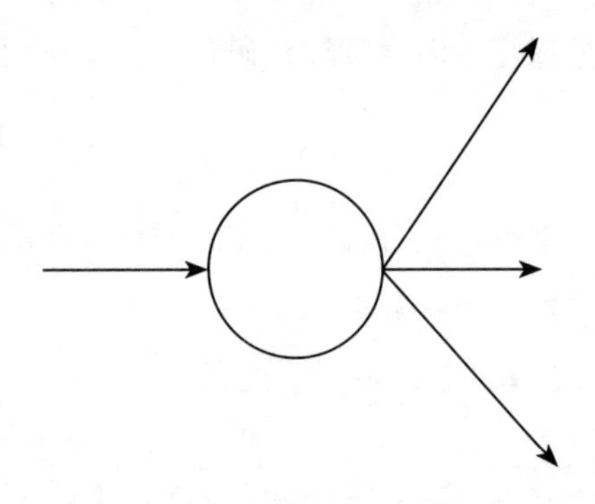

图 10-1 单一神经元的结构图就像一只顶着“爆炸头”的蝌蚪

图 10-1 表示的是从一个方向获取数据输入，经过神经元处理后，将结果数据向三个方向进行输出。

神经元的内部结构

这里我们按照惯例把神经元画成一个圆圈，这是画神经网络图的常见做法。不过，光画一个圆圈恐怕谁也无法理解究竟代表什么，最简单的理解是这个圆圈代表一个函数，一般会选择用希腊符号代表，这里我们干脆就叫它全名——神经元函数好了。

既然是函数，首先应该知道的是它能根据输入产生对应的输出。正如前文所说，在最早期感知机时代的神经元函数非常简单，就是一个线性函数，所以这样的神经元函数所产生的输出只能是输入的线性组合，数据分布只要稍微复杂一点就不满足线性关系了，神经元函数就无法很好地拟合。

所以，现在最常用的神经元函数虽然还称为函数，但实际上是由两个部分组成，第一个部分仍然是线性函数，输入首先进入线性函数，计算产生结果后，再输入第二个部分。

第二个部分通常会选择一款非线性函数，称为激活函数（Activation Function，也常称为激励函数），对线性函数的输入结果进行非线性映射，然后将结果作为最终的输出。深度学习的神经网络同样采用这样的结构，Pytorch 之类的主流深度学习 Python 库就用线性函数接激活函数来实现全连接层。

我们将圆圈代表的神经元函数放大，可以看到其内部结构如图 10-2 所示，很像某个 QQ 表情。

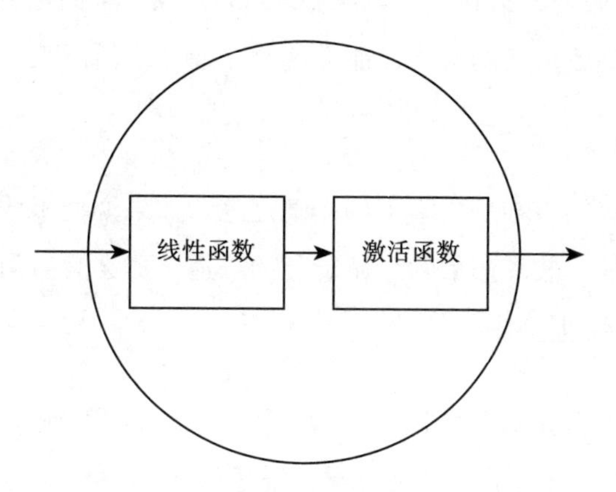

图 10-2 放大后的神经元内部结构图

一枚神经元细胞就是一只蝌蚪，蝌蚪与蝌蚪之间首尾相衔就构成了网络。也许你觉得不对，首尾相衔不是只能够成链条吗？是这样的，不过只要麻烦排在后面的蝌蚪嘴张大点，一口咬住前面好几只蝌蚪的尾巴，或者反过来让好几只蝌蚪咬住同一只蝌蚪的尾巴，无论哪种都可以形成网络。按照生物学的术语，把神经元的输入部分叫作“树突”，把输出部分叫作“轴突”，神经元和神经元之间的信息传递就是神经元 A 通过轴突（输出部分），把结果输入神经元 B 的树突（输入部分），以这样的结构构成的网络就是人工神经网络（见图 10-3）。

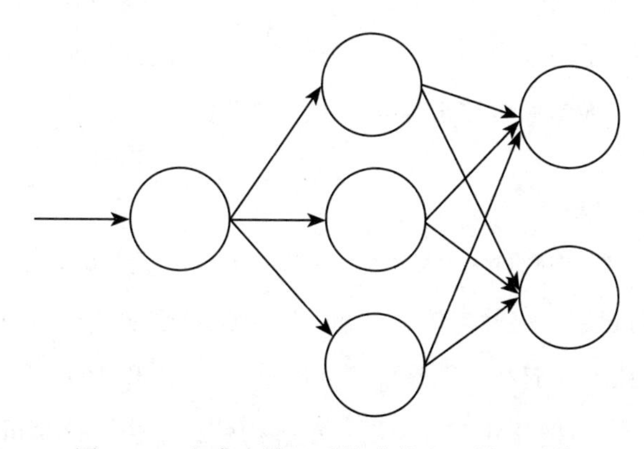

图 10-3 由多个神经元构成的人工神经网络

10.1.2 从神经元看分类问题

前面我们知道，“蝌蚪的圆脑袋”很像Logistic回归，里面也装着两个函数：线性函数和激活函数。线性函数是老朋友了，那么这个非线性激活函数是什么，又为什么能解决分类问题呢？

激活函数可谓神经网络在仿生学上的点睛之笔，如果说把函数正经的输入输出非要叫成树突、轴突什么的，散发浓浓的生搬硬套的味道，那么激活函数就是真正的照猫画虎，学来了生物神经元细胞的核心本事。

先来说说什么是激活函数。还记得我们介绍Logistic回归时介绍的Sgn函数吧，激活函数像极了Sgn函数，也是产生二元输出，描述如下：

```
if (满足激活条件):
return 1
else:
return 0
```

激活函数最终产生的同样是二元输出，这也是神经网络可以用于分类的原因。这是模拟了生物神经元细胞，我们都知道，人之所以有知觉，是因为有神经，譬如按动键盘，指尖的压感就会沿着神经网络传递到大脑，所以生物神经元细胞的第一个特性就是传递。那么是不是什么感觉都会传递呢？也不是，生物神经元细胞还有一个“兴奋”的概念，不妨理解为生物神经元细胞平时都喜欢瘫着不动，只有外界的刺激足够强了，让生物神经元细胞“兴奋”了，它才会往下一个生物神经元细胞进行传递。许多人认为这是生物神经最为巧妙的设计，而激活函数正是模拟了这种设计。

神经网络的传递机制

在机器学习里，神经网络的“蝌蚪们”掌握的本事总共就两种，一种是感受刺激，外界给点刺激它就动起来；一种是传递兴奋，也就是自己动了还觉得不够，非要让咬着它尾巴的“蝌蚪”也跟着一起动。别看事儿都挺简单的，“蝌蚪们”只需要做好这两件事，就能像长城的烽火台一样把外界信息一层一层接力传播下去。这套机制简单明了，老祖宗已经用了几千年了，理解应该并不困难，难就难在怎么用信息传播机制来解决风马牛不相及的分类问题。前面我们尝试从很多角度来分析分类问题，这次我们不妨改从结果的角度来看。以二元分类为例，结果要输出的就是 0 和 1，那么我们的问题就变成了怎样让数据输入经过“蝌蚪们”的接力传播之后，最终输出 0 或者 1？输出 0 或者 1 好办，我们把“蝌蚪”动起来定义为 1，不动定义为 0，就解决了这个问题。

问题是如果“蝌蚪们”只要是来了刺激就动，就会成为一条精力过剩的“皮皮虾”，甭管是什么，碰一下就蹦个不停，一层一层蹦下去，那么只要输入值为 1，最终输出也一定为 1。

为了解决这个问题，我们让“蝌蚪们”带上一点小脾气，只有情绪高涨到一定程度，也就是满足了激活条件，才会动起来。如果输入的刺激不够，不能满足激活条件，它就不动，后面的“蝌蚪们”也就跟着洗洗睡了，最终输出也就变成了 0（见图 10-4）。

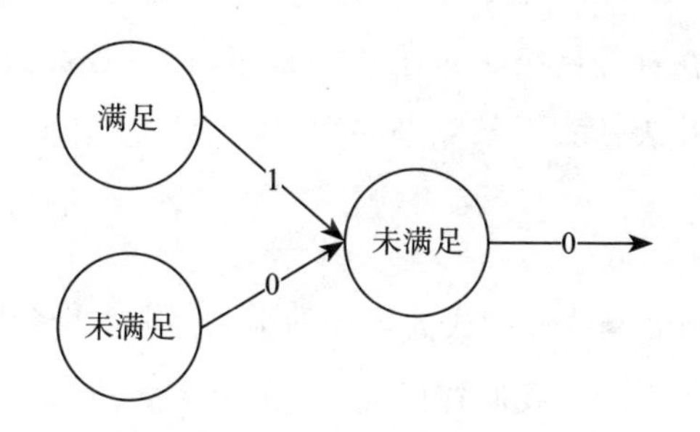

图 10-4　神经元利用“兴奋传递”机制完成判断

这个过程通常称为正向传播，神经网络是通过正向传播来完成由输入数据到产生输出的过程的。

10.1.3　神经网络的“细胞”：人工神经元

前面我们说激活函数是神经网络的关键，这个函数也简单，总的来说就是条件判断，满足激活条件的输出“1”，不满足则输出“0”。激活条件很重要，因为神经元的核心工作机制就是根据刺激来决定是否激活，激活就继续往前传导刺激，否则刺激就在此中断，不会对最终的输出产生影响。

激活函数选择的好坏将直接影响神经网络的效果，因此直到现在，激活函数仍是神经网络的研究重点。那么，什么样的函数能够成为激活函数呢？

从原理上来看，激活函数的输出不是“0”就是“1”，这是一个非常典型的阶跃函数，在前面我们曾经介绍过，Sgn 函数就是其中一个最知名的阶跃函数，也确实曾担纲过激活函数。在刚提出 M-P 模型的时候，天地初开，万物都呈现出最质朴的形态，连激活条件都选择了最简单直接的方式：判断是否大于 0，大于 0 就激活，否则就不激活。可以看出，这时的激活函数就是把 Sgn 函数稍作修改。

Sgn 函数在“阶跃”方面无可挑剔，但它的问题我们也已经介绍过，就是不可导，对于依赖优化算法进行学习的机器学习算法，这是一个致命的缺点。因此，Logistic 回归中使用的 Logistic 函数一方面可以模拟“阶跃”的效果，另一方面又可导，自然就成为神经网络的上佳选择。在神经网络中，通常把 Logistic 函数称为 Sigmoid 函数，就是换了个名字，二者在原理和表达式上都完全一样。本章将根据业界习惯，统一将 Logistic 函数称为 Sigmoid 函数。

线性函数搭配 Sigmoid 函数一度成为神经网络的经典“套餐”，不过，Sigmoid 函数作为激活函数也并非完美无缺，我们在研究 Sigmoid 函数时就已经看出，在 0 点附近的函数图像变得非常平缓，特别是在（−1,1）区间，几乎就是一条直线，也就是越接近 0 点，变化率就越小，在使用梯度下降等优化方法时，很容易导致梯度弥散甚至梯度消失。

因此，业界开始用 Tanh 函数来取代 Sigmoid 函数作为激活函数。Tanh 函数同样满足可导和阶跃两大要求，同时，相比 Sigmoid 函数，Tanh 函数的梯度更大，使用梯度下降等优化方法时收敛更快，所需要的学习时间更短。Tanh 函数在（−5,5）、（−3,3）和（−1,1）时，图像如图 10-5 所示。

通过比较可以看出，在（−1,1）时 Sigmoid 函数图像已经几乎是一条直线了，而 Tanh 函数还仍然保持着一点阶跃的形状。不过，虽然 Tanh 函数相比 Sigmoid 函数的梯度更大，但越接近 0 点，变化率就变得越小的问题照样存在。为了解决这个问题，业界又开发出 ReLu 函数来作为激活函数，这也是目前公认效果最好的激活函数。ReLu 函数在（−5,5）、（−3,3）和（−1,1）时的图像如图 10-6 所示。

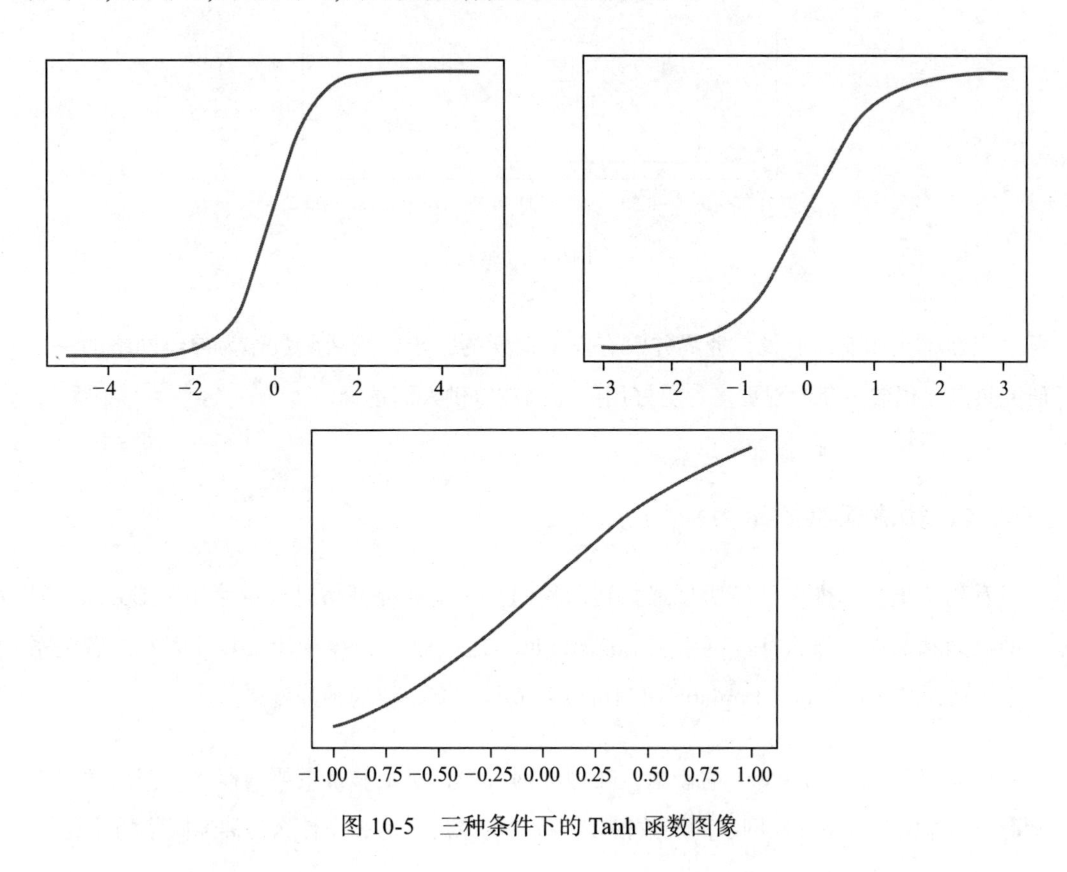

图 10-5 三种条件下的 Tanh 函数图像

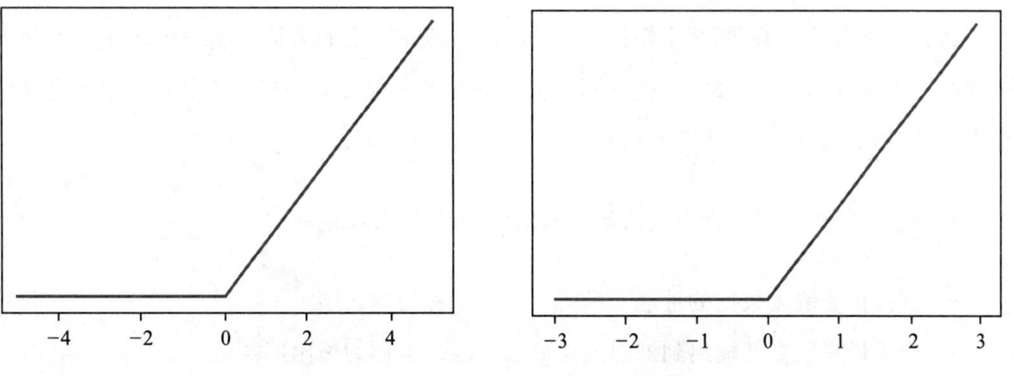

图 10-6 三种条件下的 ReLu 函数图像

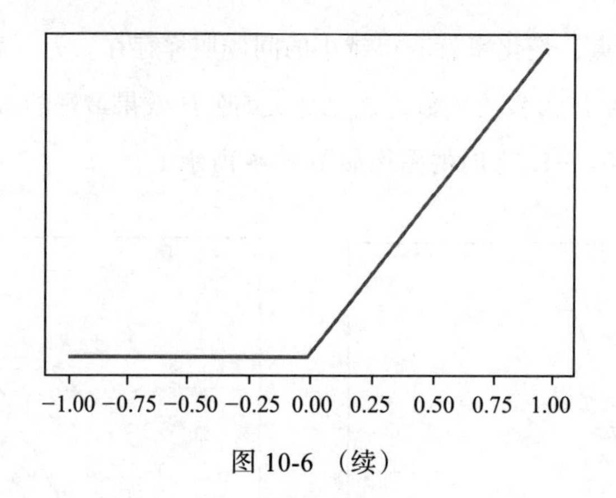

图 10-6 （续）

当然，正如前面所说，业界并没有停下探索的脚步，激活函数作为神经网络的一大研究热点，仍然不断涌现更多、更好用的新函数以供人们选择。

10.1.4 构成网络的魔力

看到这里，也许你已经明显感觉到，我们在介绍神经网络时大量使用了 Logistic 回归的概念和部件，那么神经网络和 Logistic 回归之间是不是存在什么共性呢？二者关系非常密切，甚至可以说，Logistic 回归可以看成是只有一层的神经网络。

这里提到了层（Layer）的概念，在神经网络中，层是非常重要的概念，深度学习中所谓的“深度”就是神经网络的层数很多、很深的意思。那么，什么是神经网络的层呢？

我们已经知道，在神经网络中，数据是依靠神经网络的激活机制一个接一个地往下传递的。不过既然叫“网络”，接受同样输入的神经元很可能并非一个，我们把接受同样输入的神经元排成一列，从输入到输出的方向看，每一列就是一层。

在神经网络中，层通常由输入层、输出层和隐藏层组成：

- 直接接受输入数据的神经元是第一层，也称为输入层。
- 产生最终数据并输出到外部的是最后一层，也称为输出层。

- 其他神经元由于位于神经网络内部，既不直接接受输入，又不直接产生输出，所以统称为隐藏层。

一个三层的神经网络示意图如图 10-7 所示。

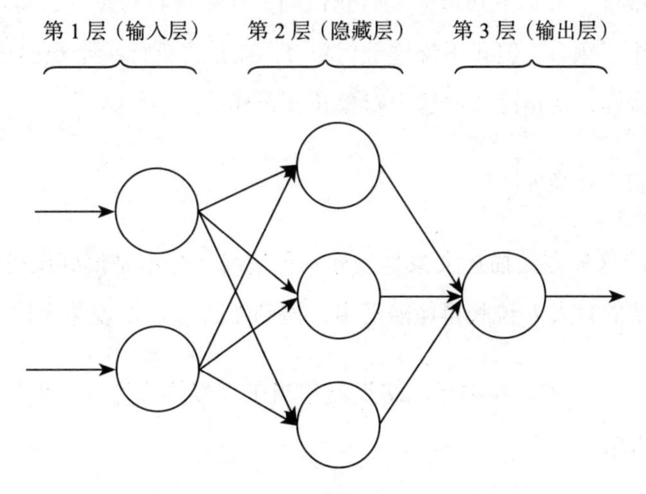

图 10-7 神经网络结构示意图

没有或只有一层隐藏层的神经网络是最简单的神经网络，根据实际需要，实践中可能会使用非常多的隐藏层。你也许会好奇，神经网络各层的原理和结构高度相似，叠加更多的神经网络层难道能带来什么不同吗？

也许答案你已经知道了，深度学习今天所取得的奇迹很大一部分可以说是用神经网络层数“堆”出来的。你可能又要问了，这神奇的魔力来自哪里呢？

最常见的回答是：神经网络的层数越多，模型的学习能力就越强，就越能拟合复杂的“神秘函数”。

这类答案当然不能算错，不过太过抽象。学术界对于这个问题的解释实际还未达成一致，可解释性不强一直是神经网络乃至深度学习的一个痛点问题，这也是一部分人攻击大红大紫的深度学习是“炼金术”的原因。不过为了使读者更好地感受层数为神经网络带来的魔力，这里我分享一点自己的理解。

在我看来，神经网络发挥作用，其原理有点像盲人摸象，不过这里的“盲人”懂得团结合作，且最终真的摸出了大象。

这要从我们的数据集组织说起。前面我们已经无数次接触过数据集，知道每一条数据样本都有多个维度，可是不知道你是否意识到，这是一种有悖于日常习惯的描述方式。譬如我要描述一个对象 A，但我不说这是对象 A，而是告诉你一个观察序列，如从角度 1 看这个对象长什么样，从角度 2 看这个对象长什么样……

是不是很像盲人摸象？

想象一下，用这种方法描述大象是怎样一种情况，是不是摸到尾巴的盲人 A 说长得像鞭子，摸到耳朵的盲人 B 说长得像蒲葵扇，摸到腿的盲人 C 说像大柱子？

这里的盲人 A、B、C，在神经网络里就相当于直接接收外部数据的三个神经元，也就是前面说的输入层。

好了，现在我们要求神经网络判断输入的是不是大象，该怎么办呢？按照有监督学习的老套路，先训练再预测。

我们知道训练的目的就是找判别特征，就里就是要找大象的特征。所谓特征，就是大象与其他动物不同的地方。那么好办，还是首先安排三位盲人去摸目标动物的各个部位，结束后把结果统一告诉第四位，最后再公布答案，告诉第四位当前摸的是不是大象。训练过程大概如下。

盲人 A 报告说目标动物像根柱子，记下来；盲人 B 说目标动物像蒲葵扇，记下来；盲人 C 说目标动物像一条鞭子，好；第四位盲人 D 把这些都记下来了，然后告诉他这一轮摸的动物是大象。

接着第二轮，还是按照以上办法摸。这次只有盲人 B 和盲人 C 报告说摸到了蒲葵扇和鞭子。第四位盲人把这些记下来，然后告诉他这一轮摸的动物是家猪。

最后第三轮，方法照旧，这次是盲人 A 和盲人 C 报告说摸到了蒲葵扇和鞭子。最后公布答案，这一轮摸的是大犀牛。

最后还有一轮，这次只有盲人 C 报告说摸到了鞭子。最后公布答案，这一轮摸的是梅花鹿。

四轮之后，盲人 D 一整理，发现盲人 C 的报告最没有价值，无论是不是大象都报告摸到了鞭子，相比之下，盲人 A 和盲人 B 的报告挺有价值，但也都有报错的时候。不过盲人 D 很快发现，只要整合盲人 A 和盲人 B 的报告，也就是这两位同时说摸到了蒲葵扇和柱子，那么目标动物就是大象了。按照这个办法，哪怕是四位盲人，也可以通过团结合作摸出大象来了。

四位盲人其实构成了一个最简单的神经网络。我们把四个盲人看成是四个神经元，前三个盲人 A、B、C 负责去“摸”，也就是获取不同维度的外部输入数据，构成了神经网络的输入层。三人分别获取数据后，都告诉第四个盲人 D，相当于 A、B、C 都与 D 连线，构成了网络。盲人 D 经过汇总分析，最终输出是不是大象的预测结果，这就是神经网络的输出层。

神经网络的神奇之处就在于能把分散的信息进行汇总，从而提取更高层、更抽象的信息。网络中的任何一个节点单拎出来都是以偏概全，是真正意义上的盲人摸象，但这些局部信息通过网络汇合在了一起，反而形成了全局信息，就能借此看到全貌。

不仅如此，通过神经网络的结构，还可以起到灵活组合不同的输入来提高预测结果的准确性的效果。在上面这个例子中，虽然输入层有三个输入维度，但实际有用的只有两个，神经元就可以在学习过程中通过调节线性函数中的相应权值，增加有价值的输入的权值，降低没有价值的输入的权值，使得预测更为准确。

一般来说，神经元的个数和层数越多，神经网络的这种抽象组合能力就越强，“神秘函数”的表达式再复杂，只要神经网络中的神经元个数和层数足够多，能够覆盖可能的组合空间，就能通过这种简单的方法准确拟合。这就是神经网络的魔力。

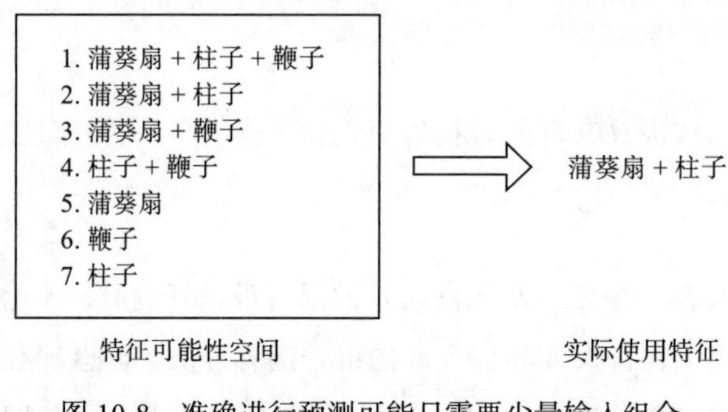

图 10-8 准确进行预测可能只需要少量输入组合

10.1.5 神经网络与深度学习

深度学习如今已是一种“网红”算法，我们在第 1 章介绍人工智能、机器学习和深度学习三者关系时，谈论过深度学习其实属于机器学习下的一类算法分支，这类算法正是神经网络。可以说，深度学习就是由神经网络发展而来的，所谓的“深度”，其实是“用了多层的神经网络”的意思。

当然，深度学习作为当前炙手可热的智能算法，并不仅是简单地将神经网络进行堆叠，在神经网络的基础上也新引入了几样基本“部件”，如卷积（Convolution）层和池化（Pooling）层，当然也保留了传统的神经网络结构，如激活（Activation）层和完全连接（Fully connected）层。深度学习已经发展出一整套复杂的知识体系，哪怕只进行概要性地介绍也需要花费大量篇幅，这里只对深度学习和本章的主题神经网络的关系进行扼要介绍。

10.2 神经网络分类的算法原理

10.2.1 神经网络分类算法的基本思路

前面我们分别介绍了神经网络的两个基本构件，分别是包含非线性激活函数的神经元，以及由神经元组成的网络。前者是微观结构，后者是宏观结构，构件都有了，神经网络是怎么实现分类的呢?

我们说过，神经元的结构和最早介绍的分类模型Logistic回归非常类似，简直就是一个换了昵称的Logistic回归，但二者是不相同的，至少神经网络算法还有一个网络结构。不过，二者既然在微观层面很类似，那么功能的发挥应该也是相近的。

首先回忆一下Logistic回归是怎么完成分类的。Logistic回归的结构简单，即线性函数套一层Logistic函数，以此产生非线性输出。模型的训练过程很简单，首先通过Logistic回归输出一个预测值，然后与实际值比较，得到一个偏差，然后用这个偏差更新线性函数的权值。如是多次，直到输出的偏差最小。

上面是对Logistic回归的分类过程的回忆，只要把Logistic函数替换成激励函数，神经网络的整个运行过程也就差不多说完了。从神经元层面来看，就是输入通过激励函数产生预测值，得到偏差后更新权值。

不过，到这儿还没完。前面一再说了，神经网络还有一个网络结构，多了这个网络结构，事情就复杂了一点儿——不过也就一点儿。神经网络是由神经元一个挨一个连接而成，分为输入、隐藏和输出三层。这也就与Logistic回归不一样了。

Logistic回归一头是输入，另一头是输入，到了神经网络，输入和输出至少有一头要对接其他神经元，无法直接接收输入和偏差，而隐藏层的神经元更是两头都接触其他神经元，离得就更远了。所谓实践出真知，要么不知道输入，要么不知道输出，要么干脆双脚离地，两个都不知道，那么训练工作就没法做了。

为了训练，神经网络引入了正向传播和反向传播机制。正向传播扮演的是传播输入的功能。输入层的神经元首先接收输入，通过激励函数产生输出，这是第一步。输入层的输出则作为隐藏层的输入，再通过激励函数产生输出，这是第二步。输入就这样一层一层传递下去，这个过程有点像击鼓传花，一直到输出层产生输出，正向传播就完成了。

偏差的传递也类似，但因为方向相反，所以称之为反向传播：首先通过输出层获取偏差，同样要计算一个值往后传递，但这时就不是通过激励函数了，而是要获知每个输入方向所贡献的偏差值。

这话有点儿拗口，什么意思呢？说白了就是，预测这事儿是你一嘴我一舌大家一起商量得到的，当然大家的地位（权重）不同，有人说话分量轻，有人说话分量重。现在知道预测错了，刚才说话分量重的对结果影响大，那么说明犯的错也严重些，刚才说话分量轻的错就轻一些。根据这个原则，把得到的偏差按照说话分量分配一下，自己犯的错自己“领”回家。输出层就这样把偏差反向传播到隐藏层，让里层的神经元得到了偏差，就能把训练继续下去了。同样，隐藏层的神经元得到偏差后，不但自己调整权值，而且照葫芦画瓢，继续往后传播偏差。同样一层接一层地往后传播，一直到输入层。整个神经网络就完成了一轮权值更新。

后向传播由于涉及偏差分配，说起来比较复杂，但数学层面十分简单，既然大的原则是刚才说话分量重的多分一点儿，分量轻的就少分一点儿，那么只要根据权值取偏导数就可以计算出各家该承担多少错了。权值更新的方法与 Logistic 回归一样，同样是使用梯度下降。

10.2.2 神经网络分类算法的数学解析

神经网络算法中有两个重要部分涉及数学，一是激活函数，二是传递机制。传递机制又分为正向传播和反向传播，正向传播比较好理解，就是不断进行代数求值的过程，反向传播是神经网络算法的特色，整套机制依赖数学的微分机理，说实话微分符号看着还是有点瘆人的，因此也是难点。

1. 激活函数

先从激活函数说起。激活函数正如其名，首先它是一种函数，前面已经介绍了激活函数在神经网络中扮演的角色，同时也介绍了常用的三种激活函数，即 Sigmoid 函数、Tanh 函数和 ReLu 函数。Sigmoid 函数就是 Logistics 函数，前面已经介绍，这里从 Tanh 函数开始。Tanh 函数的数学表达式如下：

$$\tanh(x)=\frac{\sinh(x)}{\cosh(x)}=\frac{e^{x}-e^{-x}}{e^{x}+e^{-x}} \quad (10\text{-}1)$$

Tanh 函数正式名称为双曲正切函数，定义即用 sinh 函数除以 cosh 函数。是不是感觉这两个函数似曾相识？ sin 函数和 cos 函数想必大家不会陌生，它们分别是正弦函数和余弦函数。字母“ h”代表“双曲”，加上“ h”就变成了双曲正弦函数 sinh 和双曲余弦函数 cosh。sin 和 cos 是基本的三角函数，sinh 和 cosh 则是基本的双曲函数。

要完全说清楚双曲函数需要花费不小的篇幅，这里只对 Tanh 函数的来由做简要的背景介绍。在神经网络算法里，Tanh 函数最需要我们关注的只有三点：Tanh 函数的函数图像、“激活”效果以及代数运算。Tanh 函数的代数运算非常简单，就是对四个以自然常数 e 为底的指数函数进行四则运算。

接下来我们介绍 ReLu，正式名称为线性整流函数（Rectified Linear Unit），表达式如下：

$$\mathrm{ReLu}(x)=\max(0,x) \quad (10\text{-}2)$$

ReLu 函数无论是表达形式还是计算都非常简单，以 0 作为重要的分界点。当 $x>0$ 时，ReLu 函数的值为 x 本身，是典型的线性函数，在其他情况下 ReLu 函数的值恒等于 0。这也是将 ReLu 称为线性整流函数的原因。

2. 反向传播

正向传播实际就是简单的代数赋值运算过程，重要和比较难理解的是反向传播。先说这里的“正向”和“反向”究竟指什么。实际上就是代数的运算方向，假设有函数 $f(x)=y$，那么知道 x 的值求 y 值，也就是运算从 x 流向 y 是正向。反向正好反过来，运算将从 y 流向 x。

你也许不太理解，从来都是已知 x 求 y，怎么可能有函数式需要通过 y 的值来求 x 的值？

这就是神经网络算法独特的“学习”方法。在前面的章节里，我们一再强调机器学习中所谓的“学习”其实有两个过程，一是通过模型进行预测，二是通过预测值与实际值求偏差。让偏差不断缩小，就是机器学习的学习过程。把这里的$f(x)$看作模型，通过x值求得的y值其实就是预测值，我们需要将偏差回传，就需要沿着表达式将偏差反推回去。

这种通过偏差调整模型的学习方式在机器学习领域并不新鲜，我们介绍的第一款机器学习算法——线性回归算法用的就是这种方式，那么神经网络算法的反向传播独特之处在哪里呢？在于方向。神经网络中一个神经元的输入可能来源于多个神经元的输出，譬如有A、B、C三个神经元都给神经元D贡献了输入，关系如图10-9所示。

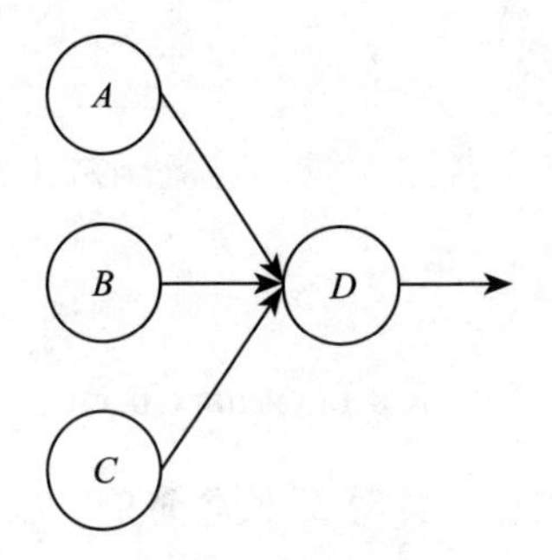

图10-9 多个神经元构成的关系图

现在知道了D的损失偏差，那么怎么分别计算A、B、C三个神经元各自的损失偏差呢？或者更直白一点，如果我们将D的损失偏差看作A、B、C三个神经元的加总结果，那么怎么计算A、B、C三个神经元分别“贡献”了多少偏差呢？这就是反向传播需要解决的核心问题，方法也简单，即用偏导。偏导是带有“方向”的，譬如要求出来自神经元A的损失贡献，就对神经元A的方向求偏导。

举个例子，神经元的表达式是线性方程外加激活函数，简单起见，这里我们把激活函数省略，假设神经元A的表达式如下：

$$f_a(x) = w_1 x \tag{10-3}$$

同样，我们用函数 f_b 和 f_c 分别表示神经元 B 和 C，假设神经元 D 的表达式如下：

$$f_d(x) = w_2 f_a(x) + w_3 f_b(x) + w_4 f_c(x) \tag{10-4}$$

如果现在已知神经元 D 输出的预测值和实际值的偏差，用 L 表示，如何求神经元 A 中参数 w_1 的调整值呢？这也就是求来自 w_1 的损失贡献值，用偏导数可表示为 $\frac{\partial L}{\partial w_1}$。可以用“链式法则”求解，具体为：

$$\frac{\partial L}{\partial w_1} = \frac{\partial L}{\partial f_a} \frac{\partial f_a}{\partial w_1} \tag{10-5}$$

这样就求出了 w_1 对应的损失值。当然，这是未带激活函数的情况，但带上激活函数，无非也就是多加一条导数式。这条式子能够一直延伸下去，神经网络的一大特点就是隐藏层神经元和输出层神经元的输入，都是来自于其他神经元的输出，如果神经元 A 是隐藏层，输入依靠其他神经元的输出，也可以用同样办法求出该神经元的损失值。

通过链式法则可以不断反向求出神经网络中任一神经元的损失值，从而让每一个神经元都能根据损失值完成调整，这个过程就是神经网络中偏差的反向传播，也是神经网络的“学习”过程。

10.2.3 神经网络分类算法的具体步骤

神经网络分类算法是一种有监督的分类算法，输入同样为样本特征值向量，以及对应的类标签，输出则为具有分类功能的模型，能够根据输入的特征值预测分类结果。具体如表 10-1 所示。

表 10-1 神经网络分类算法信息表

算法名称	神经网络分类	
问题域	有监督学习的分类问题	
输入	向量 ***X***，向量 ***Y***	向量 ***X*** 的含义：样本的多种特征信息值 向量 ***Y*** 的含义：对应的结果数值
输出	预测模型，为线性函数	模型用法：输入待预测的向量 ***X***，输出预测结果向量 ***Y***

使用神经网络分类算法，具体需要五步：

1）初始化神经网络中所有神经元激励函数的权值。

2）输入层接收输入，通过正向传播产生输出。

3）根据输出的预测值，结合实际值计算偏差。

4）输出层接收偏差，通过反向传播机制让所有神经元更新权值。

5）第2～4步是神经网络模型一次完整的训练过程，重复进行训练过程直到偏差最小。

10.3 在Python中使用神经网络分类算法

在Scikit-Learn库中，基于神经网络这一大类的算法模型的相关类库都在sklearn.neural_network包中，这个包只有三种算法API。神经网络算法在Scikit-Learn库中被称为多层感知机（Multi-layer Perceptron）算法，这里可以简单地认为二者只有叫法上的区别，缩写为MLP。神经网络算法可以完成多种任务，前面所介绍的用于解决分类问题的神经网络分类算法对应的API为MLPClassifier，除此之外，神经网络算法也可以用来解决回归问题，对应的API为MLPRegressor。该包还有一种算法，为基于Bernoulli Restricted Boltzmann Machine模型的神经网络分类算法类BernoulliRBM。

本章所介绍的神经网络分类算法可以通过MLPClassifier类调用使用，用法如下：

```
from sklearn.datasets import load_iris
#从Scikit-Learn库导入神经网络模型中的神经网络分类算法
from sklearn.neural_network import MLPClassifier
#载入鸢尾花数据集
X, y = load_iris(return_X_y=True)
#训练模型
clf = MLPClassifier().fit(X, y)
#使用模型进行分类预测
clf.predict(X)
```

预测结果如下：

```
array([0, 0, 0, 0, 0, 0, 0, 0, 0, 0, 0, 0, 0, 0, 0, 0, 0, 0, 0, 0, 0, 0,
       0, 0, 0, 0, 0, 0, 0, 0, 0, 0, 0, 0, 0, 0, 0, 0, 0, 0, 0, 0, 0, 0,
       0, 0, 0, 0, 0, 0, 1, 1, 1, 1, 1, 1, 1, 1, 1, 1, 1, 1, 1, 1, 1, 1,
       1, 1, 1, 1, 2, 1, 2, 1, 1, 1, 1, 1, 1, 1, 1, 1, 1, 2, 2, 1, 1, 1,
       1, 1, 1, 1, 1, 1, 1, 1, 1, 1, 1, 1, 2, 2, 2, 2, 2, 2, 2, 2, 2, 2,
       2, 2, 2, 2, 2, 2, 2, 2, 2, 2, 2, 2, 2, 2, 2, 2, 2, 2, 2, 2, 2, 2,
       2, 2, 2, 2, 2, 2, 2, 2, 2, 2, 2, 2, 2, 2, 2, 2, 2, 2])
```

使用默认的性能评估器评分：

```
clf.score(X,y)
```

性能得分如下：

```
0.98
```

10.4 神经网络分类算法的使用场景

从深度学习算法已经大红大紫的今天往回看，神经网络算法可谓深度学习算法的黎明，这类起源于仿生学的算法的最大优点就在于其网络结构。其网络结构有着非常良好的延展性，将任意一个神经元单拎出来表现都平淡无奇，但通过网络结构组织起来之后，神经网络就能对复杂的“上帝函数”表现出难以置信的拟合效果，而且这些效果的提升往往不需要对算法进行额外改变，只需要简单地对参数进行调节就可以实现。

可解释性差是神经网络算法乃至于其下衍生出来的“网红”分支深度学习算法的共同毛病，对于神经网络算法究竟是怎么完成学习的，外部无从得知，也难以了解，所以也被称为“黑盒算法”。通过调节神经网络算法的各种参数能够使得分类效果明显提升，但这种提升缺乏配套的理论解释，往往需要依靠经验，因此也被人批评为机器学习领域的“炼金术”。

此外，神经网络算法采用的梯度下降等优化算法，在部分情况下可能陷入局部最优解的情况，导致预测精度下降。

神经网络分类算法的特点总结如表10-2所示。

表10-2　神经网络分类算法的特点

优点	网络结构拓展性好，对复杂的“神秘函数”如非线性函数，只通过简单地调节参数也往往能有令人意外的表现
缺点	可解释性差，调参依赖经验，可能陷入局部最优解
应用领域	神经网络算法拟合能力强，应用领域很广，在文本分类等领域都有应用，其衍生出来的深度学习算法更是当前最为热门的机器学习算法分支，在图像处理、语音识别和自然语言处理等多个领域都有非常突出的表现

算法使用案例

在深度学习大热的当下，神经网络算法应该是学术上最知名、实际应用最为广泛的机器学习算法，可以毫不夸张地说，你当前在市面上所能接触到的所谓人工智能产品，绝大部分使用的都是神经网络算法，如手机经常用到的各种人脸识别技术，如刷脸解锁、美颜修图以及照片中的人物识别，全都是基于神经网络分类算法（准确来说，是神经网络算法下的深度学习分支）实现。神经网络分类算法还在高速发展当中，相信未来还会继续推出让人拍案叫绝的应用。

CHAPTER 11

第11章 集成学习方法

前面我们已经一一学习了机器学习的回归算法、分类算法和聚类算法，了解了从思路和形态都迥然不同的各类机器学习模型。在学习的时候，我们的注意力也许主要集中在模型本身，如模型的原理、结构以及数学表达式等，但在实际使用中，更值得我们关注的往往却是另外一样东西，这就是如何提高预测结果的准确率。选择不同的模型，调节模型的各种参数，是最容易想到的方法，但当前业界采用更多的方法是集成学习方法。本章将介绍集成学习方法，集成学习方法关注的不是模型内部的结构，而是模型与模型之间的组织关系。

11.1 集成学习方法：三个臭皮匠赛过诸葛亮

这已经是机器学习的最后一章了。前面已经介绍了有监督学习、无监督学习这两大机器学习算法类型，8 种经典的机器学习算法，可以分别用于解决分类、回归和聚类这三种主要的机器学习问题。

可是，在最后一章的开始，我们不妨先思考一个问题：机器学习是一门应用科学，最终是要学以致用的，那么学习这些算法的目的究竟是什么？我们学习了这些算法的原理、长处和局限，而现实问题不是考试，不是为了检验你对知识掌握程度而设计的，没有什么算法可恰好适合解决，而是总存在着好几个算法都有可取之处，但又都有这样或那样的不足之处。那么，当我们真的遇到一个现实问题时，是从中选择最合适的算法解决，还是想办法结合各个算法的长处，重新设计出一套新算法呢？

一个问题设计一套专用算法听起来很理想，但实施难度太大，恐怕谁也不会真的将它当成一种选项，但从现有的算法中选择，又总觉得都已经知道了这些算法的不足之处，非要硬套一个，心有不甘。有没有什么办法，能够不用重新设计算法，又能纳百家之长，共同解决眼前问题呢？有！这就是我们本章要介绍的集成学习。

11.1.1　集成学习方法与经典机器学习算法的关系

在 Kaggle、天池等著名机器学习竞赛中，选手使用得最多的机器学习方法不是 Logistic 回归，不是决策树，也不是支持向量机，而是选择使用了名为集成学习（Ensemble Learning）的机器学习算法，有人称之为集成学习方法。

这是一种常用的又非常有效的机器学习算法。你可能会很不满意：既然集成方法这么好，为什么要留到最后，差一点就要被漏掉了。把集成方法放到本书的最后实属无奈之举，因为集成方法与前面介绍的这些经典机器学习算法存在千丝万缕的关系，必须先把前面的这些算法都讲清楚了，才好再来介绍集成方法。而且，集成方法并不是一种独立的机器学习算法，而是一套能够把独立的机器学习算法“捏”到一起，共同解决问题的协作框架。

要介绍集成方法，首先得介绍一个术语：学习器（Learner）。不用担心，它并不是一种新的概念，如前面我们介绍过的决策树、支持向量机等机器学习算法实现的机器学习模块，都可称为学习器。集成学习中把学习器分为两种，一种为“基学习器”（Base Learning），另一种为“弱学习器”（Weak Learning）。

前面我们说过，集成学习就是把许多独立的机器学习算法“捏”在一起，如果它们是同一款机器学习算法，也就是将多个采用同一种算法的机器学习模块进行组合使用，譬如组合使用 3 个都采用了 Logistic 回归算法的机器学习模块，这时的学习器称为“基学习器”。

当然还有另外一种情况，就是不同的机器学习模块并非来源于同一款机器学习算法，譬如将分别实现了决策树、支持向量机算法的两个机器学习模块组合使用，这时的学习器就称为“弱学习器”。

11.1.2 集成学习的主要思想

集成学习不是一种独立的机器学习算法，而是把彼此没有关联的机器学习“集成”起来，以取得更好的效果。为什么没有直接设计一种更好的算法，而是选择采用集成的办法呢？问题就出在算法自身的局限上。

机器学习算法之间差异很大，就原理和实现来说，有的很简单而有的很复杂，也许我们直觉上会认为复杂算法的效果一定更好，但很可惜，第 1 章就已经介绍了机器学习中非常重要的定律——免费午餐定律，机器学习算法最终取得效果的好坏，与算法本身的复杂度没有关系，只受数据分布的影响。

因此，没有绝对好的算法，只有合适的算法，换而言之，任何算法都存在局限性，也即“天生不足”，与其绞尽脑汁让一个不合适的算法发挥潜力，不如干脆集成几款机器学习算法，把问题转化为如何在当前数据分布情况下选用更合适的算法来解决问题。集成方法的出发点就好比一个人的知识面总是有限，就算是“学霸”也有碰壁的时候，但人多力量大，多找几个尖子生凑在一起，就算碰到偏题怪题，最终也能够比较好地解决问题。前面介绍的算法都是单打独斗，像是“个人赛”，而用了集成学习之后，解决问题就变成了“团体赛”，可以集思广益了。

这样集成方法的主要内容大概也就猜出来了：怎么找出谁擅长？团体形式的答题比赛并不少见，不过，人和人之间的组合能够通过良好的沟通协调彼此，人类团体在遇到具体问题时能够很快推举出最擅长的人来解题，但机器学习算法之间无法用语言沟通的形式来推举擅长的算法，甚至它们连自己对当前问题擅不擅长都缺乏“自知之明”。无论是作为弱学习器还是基学习器，机器学习算法能做到的只是根据输入数据“吐”出结果，那么怎样才能使集成学习的算法真正发挥团队的力量呢？

11.1.3 几种集成结构

1. 训练如何集成

前面已经说过，机器学习算法单拎出来看，都只能是“吃”进输入数据，然后“吐”出预测结果，没有任何其他机制。集成学习也许听起来神乎其神，但也只能在这个基础上做文章，没有别的特殊机制可以利用。不过，这已足够让集成学习达到目的，让几个机器学习模块不用额外改造就能共同发挥作用。

总的来说，将机器学习算法用集成学习的方法组织起来，主要有两种组织结构，一种是并联，另一种是串联。

所谓并联，就是训练过程是并行的。几个学习器相对独立地完成预测工作，互相之间既不知道也不打扰彼此，相当于大家拿到试卷后分别答题，期间互相不参考、不讨论，只是最后以某种方法把答案合成一份，如图 11-1 所示。

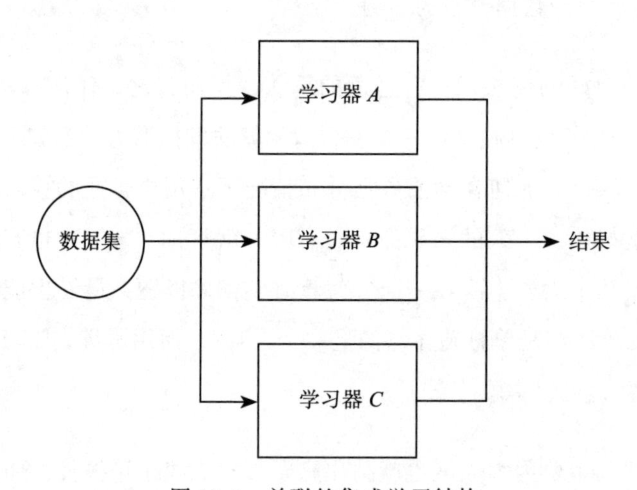

图 11-1　并联的集成学习结构

串联则不同。所谓串联，就是训练过程是串行的。几个学习器串在一起合作完成预测，第一个学习器拿到数据集后完成预测，然后把预测结果以及相关数据传递给第二个学习器，第二个学习器也是在完成预测后把结果和相关数据传递下去。这个过程很像传声筒游戏，同样也是第一个队员先听一段旋律，然后复述给第二个队员，依次进行下去，直到最后一个队员给出歌名。串联与并联的最大区别在于，并联的学习器彼此独立，而串联则是把预测结果传递给后面的学习器（见图 11-2）。

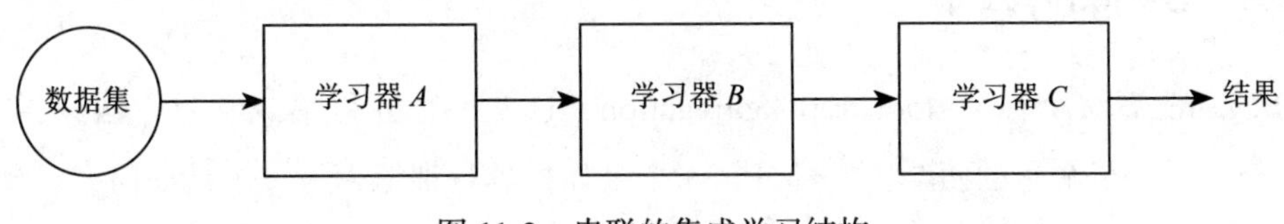

图 11-2　串联的集成学习结构

串联和并联各有各的优势，如果各个学习器没有分出高下，都是同等地位，那么最好的选择办法就是“是骡子是马拉出来遛遛”，在这种情况下就选择用并联。如果学习器已经明确了分工，知道谁是主攻而谁是辅助，则可以选择使用串联。

2. 预测如何集成

多个学习器可能会产生多个预测结果，那么怎么将它们整合成一个结果并对外部输出呢？把多个结果整合成一个结果的方法主要有两大类，即平均法和投票法。平均法又具体分为简单平均法和加权平均法，简单平均法就是先求和然后再求均值，加权平均则多了一步——每个学习器通过训练被分别赋予合适的权值，然后求各个预测结果的加权和，最后再求均值。

第二种方法是投票法，具体分为三种：简单多数投票法、绝对多数投票法和加权投票法。简单多数投票法就是哪个预测结果占大多数，这个结果就作为最终的预测结果。绝对多数投票法就多了一个限制，这个“多数”必须达到半数，譬如有 6 个学习器，得出同一预测结果的必须达到 3 个，否则拒绝进行预测。加权投票法有点类似加权平均，首先仍然是给不同的学习器分配权值，第二步同样是查看哪个结果占大多数，但这里有一点儿不同，这里的“大多数”是权值相加后再比较得到的大多数，最后再以得票多的作为最终预测结果，譬如预测结果为 A 的有 3 个学习器，权值分别为 0.1、0.2 和 0.3，那么结果 A 的票数就为 0.1+0.2+0.3=0.6，而预测结果为 B 的只有 2 个学习器，但权值分别为 0.4 和 0.5，那么结果 B 的票数就为 0.4+0.5=0.9，也就是结果 B 的票数高于结果 A，最终预测结果就是结果 B。

11.2　集成学习方法的具体实现方式

11.2.1　Bagging算法

Bagging算法全称为Bootstrap Aggregation，这是一种并行集成学习方法。要了解Bagging，需要了解它的两个主要部分，一个是如何进行训练，另一个是如何完成预测。在单个模型时，进行训练都是采用全部训练集，采用Bagging集成学习则不同，每个具体的学习器所使用的数据集以放回的采样方式重新生成，也就是说，在每个学习器生成训练集时，每个数据样本都有同样的被采样概率。训练完成后，Bagging采用投票的方式进行预测。

11.2.2　Boosting算法

Boosting算法是一种串行集成学习方法，同样需要了解如何训练和如何预测。Boosting集成学习中学习器进行串行训练，也就是第一个学习器完成训练后，第二个学习器才开始训练。与Bagging算法不同，Boosting算法的学习器使用全部训练集进行训练，但后面学习器的训练集会受前面预测结果的影响，对于前面学习器发生预测错误的数据，将在后面的训练中提高权值，而正确预测的数据则降低权值。

11.2.3　Stacking算法

许多教材在介绍集成学习方法时，常常只介绍Boosting和Bagging算法，而选择忽略Stacking算法。这让我在最开始接触时觉得特别疑惑，为什么单单跳过Stacking算法呢？后来我发现一个可能的原因：Stacking算法的思路是不同的。虽然Bagging算法和Boosting算法的具体训练过程不同，但都有一个共同的理念，就是通过组合弱学习器使得预测能力增强，也就是弱学习器之间的地位是平等的。但Stacking算法则不同。Stacking的学习器分两层，第一层还是若干弱学习器，它们分别进行预测，然后把预测结果传递给第二层，第二层通常只有一个机器学习模型，这个模型将根据第一层的预测结果最终给出预测结果，也就是第二层学习器是基于预测结果的预测。

11.3 在 Python 中使用集成学习方法

在 Scikit-Learn 机器学习库中只直接提供了 Bagging 和 Boosting 两种集成学习方法，且都在 ensemble 类库下。当前版本一共有 16 个集成学习类，但实际上涉及的算法只有 9 款，其中有 7 款集成学习算法被分别用于解决分类问题和回归问题，相当于一套算法产生两个类，因此才有 16 个类之多。较为知名的类包括：

- RandomForestClassifier 类：使用随机森林（Random Forest）算法解决分类问题，随机森林可谓 Bagging 集成学习算法的典型代表，它选择以 CART 决策树算法作为弱学习器，是一种当前非常常用的机器学习算法。
- RandomForestRegressor 类：使用随机森林算法解决回归问题。
- ExtraTreesClassifier 类：使用极端随机树（Extra Tree）算法解决分类问题，极端随机树算法可以看作随机森林算法的一种变种，主要原理非常类似，但在决策条件选择时采用了随机选择的策略。
- ExtraTreesRegressor 类：使用极端随机树算法解决回归问题。
- AdaBoostRegressor 类：使用 AdaBoost 算法解决分类问题，AdaBoost 算法是最知名的 Boosting 算法之一。
- AdaBoostRegressor 类：使用 AdaBoost 算法解决回归问题。
- GradientBoostingClassifier 类：使用 Gradient Boosting 算法解决分类问题，Gradient Boosting 算法常常搭配 CART 决策树算法使用，这就是有名的梯度提升树（Gradient Boosting Decision Tree, GBDT）算法。
- GradientBoostingRegressor 类：使用 Gradient Boosting 算法解决回归问题。

Scikit-Learn 对于集成学习方法已经做了非常良好的封装，可以实现“开箱即用”，这里以知名的随机森林算法为例，调用代码如下：

```
from sklearn.datasets import load_iris
# 从 Scikit-Learn 库导入集成学习模型的随机森林分类算法
from sklearn.ensemble import RandomForestClassifier
# 载入鸢尾花数据集
X, y = load_iris(return_X_y=True)
```

```
# 训练模型
# 随机森林与决策树算法一样，其中有一个名为“criterion”的参数
# 同样可以传入字符串“gini”或“entropy”，默认使用的是基尼指数
clf = RandomForestClassifier().fit(X, y)
# 使用模型进行分类预测
clf.predict(X)
```

预测结果如下：

```
array([0, 0, 0, 0, 0, 0, 0, 0, 0, 0, 0, 0, 0, 0, 0, 0, 0, 0, 0, 0, 0, 0,
       0, 0, 0, 0, 0, 0, 0, 0, 0, 0, 0, 0, 0, 0, 0, 0, 0, 0, 0, 0, 0, 0,
       0, 0, 0, 0, 0, 0, 1, 1, 1, 1, 1, 1, 1, 1, 1, 1, 1, 1, 1, 1, 1, 1,
       1, 1, 1, 1, 1, 1, 1, 1, 1, 1, 1, 2, 1, 1, 1, 1, 1, 1, 1, 1, 1, 1,
       1, 1, 1, 1, 1, 1, 1, 1, 1, 1, 1, 1, 2, 2, 2, 2, 2, 2, 2, 2, 2, 2,
       2, 2, 2, 2, 2, 2, 2, 2, 2, 2, 2, 2, 2, 2, 2, 2, 2, 2, 2, 2, 2, 2,
       2, 2, 2, 2, 2, 2, 2, 2, 2, 2, 2, 2, 2, 2, 2, 2, 2, 2])
```

通过参数“estimators_”可以查看随机森林算法中作为弱学习器的使用的决策树分类算法的情况：

```
clf.estimators_
```

结果为一个列表，简化的结果如下所示：

```
[DecisionTreeClassifier(class_weight=None, criterion='gini', max_depth=None,
             max_features='auto', max_leaf_nodes=None,
             min_impurity_decrease=0.0, min_impurity_split=None,
             min_samples_leaf=1, min_samples_split=2,
             min_weight_fraction_leaf=0.0, presort=False,
             random_state=131089064, splitter='best'),
 DecisionTreeClassifier(class_weight=None, criterion='gini', max_depth=None,
             max_features='auto', max_leaf_nodes=None,
             min_impurity_decrease=0.0, min_impurity_split=None,
             min_samples_leaf=1, min_samples_split=2,
             min_weight_fraction_leaf=0.0, presort=False,
             random_state=410673190, splitter='best')]
```

性能得分如下：

```
1.0
```

11.4 集成学习方法的使用场景

在 Kaggle 等机器学习领域竞赛中，今天已经很难看到使用单一模型，然后还能取得良好成绩的选手了，使用集成学习方法、博采众长已经成为大家的共识，在比赛中集成学习使用得好的选手往往都能取得比较好的成绩。相信在这个深度学习大行其道的时代，其他机器学习算法想要与之一较高下，使用集成学习方法是一种比较可行的策略。

集成学习不是一款别具匠心的机器学习算法，而是一套组合多种机器学习模型的框架，它的适用面很广，可以用于分类问题、回归问题、特征选取和异常点检测等各类机器学习任务。

推荐阅读

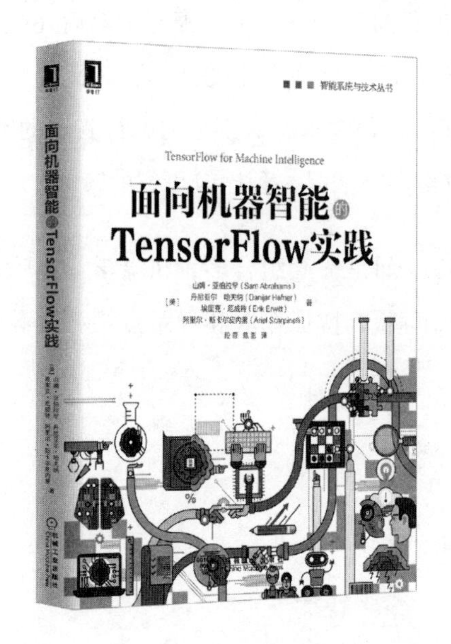

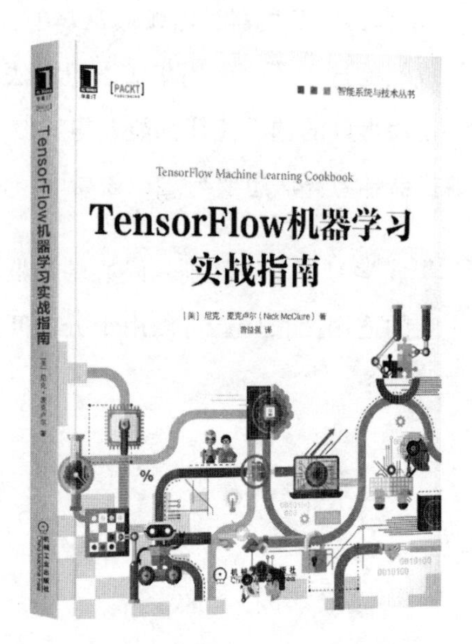

面向机器智能的TensorFlow实践

作者：Sam Abrahams，Danijar Hafner，Erik Erwitt，Dan Becker ISBN：978-7-111-56389-1 定价：69.00元

本书是一本绝佳的TensorFlow入门指南。几位作者都来自谷歌研发一线，他们用自己的宝贵经验，结合众多高质量的代码，生动讲解TensorFlow的底层原理，并从实践角度介绍如何将两种常见模型——深度卷积网络、循环神经网络应用到图像理解和自然语言处理的典型任务中。此外，还介绍了在模型部署和编程中可用的诸多实用技巧。

TensorFlow机器学习实战指南

作者：Nick McClure ISBN：978-7-111-57948-9 定价：69.00元

本书由资深数据科学家撰写，从实战角度系统讲解TensorFlow基本概念及各种应用实践。真实的应用场景和数据，丰富的代码实例，详尽的操作步骤，带你由浅入深系统掌握TensorFlow机器学习算法及其实现。